貓咪的心情&飼育學習指南

監修 ANIHOS 寵物診所

楓葉社

貓咪的魅力！
帥！
立正！
嗯？
癱軟～
外表威風凜凜
但本質是脫力系
貓咪處於能夠放鬆的狀態，不管在哪裡都毫無防備。
一天有15～20小時都在睡覺。
陶醉～
熟睡
ZZZ

這種反差就是

警戒心很強 但會向飼主撒嬌❤

貓咪原本就是野生動物，對陌生的東西戒心很強，就算是幼貓也會擺出威嚇的架勢。

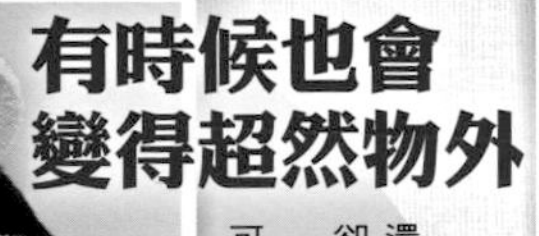

貓咪會把飼主當成母貓，會吸手指，或是緊抱著飼主的手臂，要飼主陪牠玩。

舔臉的行為也是貓咪表現出「我愛主人」的暗示（參照p.80）。

有時候也會變得超然物外

還以為很親近飼主，但有時卻莫名地冷淡。像這樣不會一直黏人的模樣，也是貓咪可愛的地方。

好奇心的遊戲！

對會動的東西興致勃勃

貓咪保有野生掠食者的天性，
所以本能上會撲向移動的物體。

就是愛鑽洞

有袋子就鑽進去、有箱子就窩進去，
這就是貓咪的興趣。

也非常喜歡惡作劇

捉弄兄弟姊妹和同伴，
同時學習怎麼控制力道。

好暖和

滑稽的舉止＆行為每天樂趣無窮！

貓咪特有的「常見」舉止、偶爾擺出像人類的動作，
讓人怎麼看都不會膩。

站起來了

目錄

contents

1章 貓的特徵、種類、成長&挑選的重點

2章 同居的準備&初期的生活方法

3章 和貓咪溝通無障礙

4章 從行為舉止了解貓咪的情緒

5章 日常保養

6章 維護貓咪健康的飲食

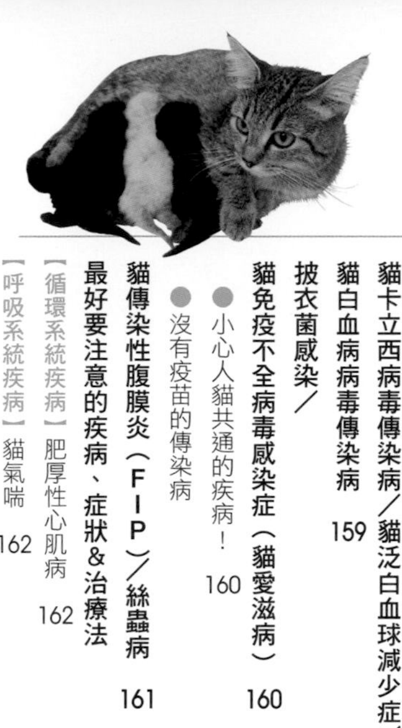

7章 貓的健康管理&需要注意的疾病

8章

貓咪惱人行為的預防和應對方法

1 章

貓的特徵、種類、成長&挑選的重點

貓的 起源

寵物貓的起源始於埃及

貓的祖先是名叫「小古貓」的肉食動物。貓咪就是從這裡開始，經歷貓科動物的祖先「原小熊貓」後，才逐漸演化成為現在的家貓原型「亞非野貓」。現在的貓，也保留了白天愛睡覺、夜行性等亞非野貓的習性。

古埃及，人們為了捕捉穀倉裡的老鼠而飼養亞非野貓，這就是寵物貓的起源。

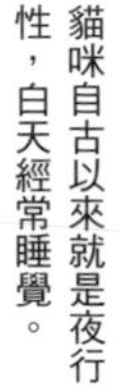

貓咪自古以來就是夜行性，白天經常睡覺。

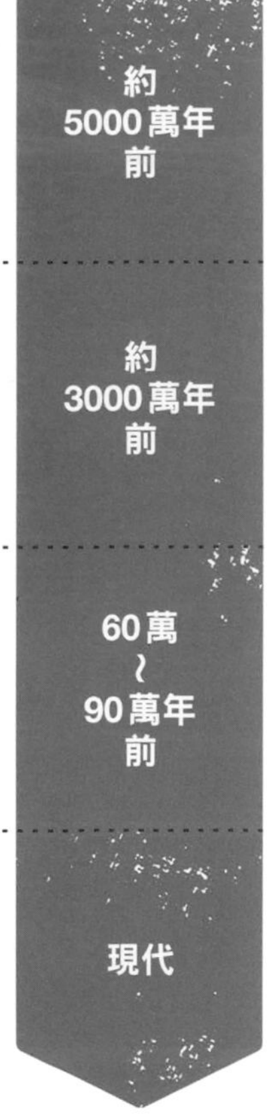

小古貓

除了貓之外，也是狗、鬣狗的共同祖先。棲息於歐洲和北美洲的森林地帶。最早生活在樹上，後來才來到地面。貓的敏捷度就是從這個時候遺留下來的。

原小熊貓

貓科動物的祖先，棲息於約3000萬年前的歐洲。從小古貓演化而來，主要生活在森林裡，牠們會捕捉鳥類當作食物。

亞非野貓

生活在沙漠。耐熱，具備只要少許水分就能活下去的體質。現在仍居住在非洲和東南亞的部分地區。

現代家貓

亞非野貓開始與人類共同生活後，因逐漸習慣人類而褪去了野性，養成溫馴的性格。體格、身體機能都保留了亞非野貓的特徵。

※圖片僅供參考。

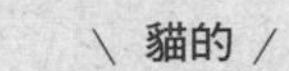

＼貓的／

氣質

我行我素，但個性溫和

貓咪喜歡自行劃定地盤、在地盤範圍內生活，而且喜歡單獨行動。牠們的個性我行我素，只要心血來潮就會和其他貓咪玩成一片，還會向飼主撒嬌。很多人以為貓咪很任性，其實牠們十分溫馴，也擁有可以和其他貓咪、人類融洽相處的協調性。

貓咪被當成寵物飼養的歷史也很悠久，算是很適合和人一起生活的動物。

貓咪具有這些特徵

習慣人類

貓咪被人類飼養的歷史很長，所以相對地也具有和人類共存的智慧。牠偶爾會撒嬌，很清楚怎麼和人類互動。

有社會性

雖然大家都說貓咪任性妄為，其實牠也具有社會性和協調性，可以和人類，或其他一起飼養的貓咪融洽相處。

保有掠食者的野生氣息

貓原本就是會「掠食」的野生動物，牠們現在依然具備了捕捉獵物的掠食者能力。

有環境適應能力

貓是一種可以適應自己周遭環境活下去的動物。世界各地的人都可以把貓當成寵物飼養，也是基於這個原因。

＼ 貓的 ／

臉部特徵

臉孔各部位擁有各式各樣的能力

貓原本就是會狩獵的野生動物，所以至今仍保有能夠捕捉獵物的掠食者性質和能力。

比方說，貓的雙眼視野寬闊、夜視能力很高，所以在黑暗中也能鎖定獵物的位置。耳朵則是有超群的聽力，能夠聽見非常細微的聲響、察覺獵物的所在地。鼻子的嗅覺也十分靈敏，尤其是分辨氣味的能力非常出色。這是為了判斷是否有敵人入侵地盤、周遭有沒有獵物出沒。

鼻

雖然貓的嗅覺沒有狗那麼靈敏，但是感知氣味的能力還是比人類要高出許多。為了能夠輕易吸附氣味分子，貓鼻子都會保持適度的濕潤。貓不喜歡刺激的氣味，但卻很愛聞味道近似木天蓼的薄荷香氣。柑橘類的氣味並不討牠歡心。

口

貓的舌頭表面粗糙，方便用來理毛。貓口腔裡分解酵素的機制、唾液的成分不同於人類和狗，因此無法嘗到甜味。貓可以嘗到的只有苦味、酸味和鹹味。貓的乳牙總共有26顆，會在出生後3～8個月替換，恆齒共有30顆。牙齒在乳牙時期就很尖銳，適合吃肉。

貓的舌頭

表面有粗糙的細小凸起，稱作「絲狀乳突」。

貓的牙齒（乳牙）

身為肉食動物的貓咪，擁有可以從骨頭上撕開肉的「門牙」、咬住獵物的「犬齒」、把咬下來的肉磨碎的「臼齒」等等，每一顆牙齒都很尖銳。

在乳牙脫落以前就已經長出恆齒、罕見的「雙排牙」。

耳

貓的聽覺相當敏銳，尤其是聽辨高音的能力特別優秀。牠可以憑著耳朵尖端的堅硬「房毛」，感覺到風向和聲波。這些房毛會隨著成長而逐漸縮短。貓的耳朵肌肉十分發達，可以迅速轉向聲音的來源。

也有垂耳的貓種（圖為蘇格蘭摺耳貓）

鬍鬚

正確的名稱是「觸鬚」。這裡聚集了許多神經，鬍鬚末端只要觸碰到物體，就會將感知到的資訊瞬間傳遞到腦部，幫助貓咪維持身體的架勢。當貓咪通過狹窄的地方時，也會先用鬍鬚觸碰看看，確定是否能夠順利通過。

眼睛

貓會靠瞳孔調節光量，具有比人類更寬闊的視野和視覺，夜視能力和動態視力也很高，所以在昏暗的地方也能看得很清楚，視線追蹤動態物體的能力非常出色。不過，貓的視網膜沒有與彩色視覺有關的視錐細胞，所以不容易分辨紅色和綠色。

貓為了調節進入眼球的光量，瞳孔在明亮的場所會像上圖一樣變細，在陰暗的場所則是像下圖一樣變得大又圓。

明亮的場所

陰暗的場所

＼ 貓的 ／

身體特徵①

貓的身體是捕捉獵物的掠食者體格

貓仍然保有過去在野生時期捕捉獵物的掠食者性質，所以只要看到移動的物體，就會出手觸碰或是飛撲上去。

貓咪為了捕獲獵物而具備的身體能力非常出色，就算是高處也能靈巧地一躍而上；即使從高處墜落，也能流暢地翻身落地。而且，牠們的腳底帶有肉墊，從高處跳下來也不太會發出聲音，奔跑行走時也是一聲不響，可以安靜地移動。

後腳

這裡的肌肉很發達，跳躍力十分出色，不必助跑也能跳上高處。瞬間爆發力也很強，具備適合短程狩獵的體格。其中一隻後腳的腳趾有4根，但肉墊（參照左頁）有5個。

強健的後腳

也可以跳躍！

可以飛撲

可以站立

肉墊

肉墊是由含脂肪的彈性纖維組成，在跳躍落地時會發揮緩衝的作用，也有吸音的效果，讓貓可以安靜無聲地行走。這裡是貓唯一會流汗的部位，也有濕潤止滑的作用。肉墊當中有很多神經通過，十分敏感，所以很多貓都討厭被人摸肉墊。

爪子

這是貓咪剛出生時爪子外露的狀態（如圖），不過在出生約3週後，爪子就能夠任意收放。隨著貓咪年齡增長，爪子又會變得容易外露（參照p.176）。貓咪磨爪並不是為了磨尖，而是要將老舊的爪子磨掉，以便露出下方新生的尖爪。

前腳

貓一看到移動的物體，就會迅速撲上去捕抓；一發現激發牠好奇心的東西，就會忍不住想要摸摸看。貓其中一隻前腳的腳趾有5根，但肉球有7個。

軀幹

貓的骨骼構造相當於縮小後的老虎和豹。脊椎呈柔緩的弓型，有較明顯的後弓；肩膀的骨骼並未固定，所以能夠鑽過狹窄的空隙。從高處墜落時，貓會將身體大幅扭轉、變換成用腳落地的架勢。

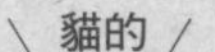

身體特徵②

貓咪尾巴的長度和粗細
都各不相同

有點短

毛茸茸

尾巴

尾巴一直到末端都是由尾椎的短骨頭連接而成，四周附著了12塊肌肉，因此尾巴可以前後左右彎曲、做出流暢的動作。尾巴也會受到情感牽動而動作，所以我們可以從尾巴的動靜解讀貓咪的情感（參照p.100～101）。神經也通到尾巴末端，會在貓咪跳躍和落地時發揮維持身體平衡的作用。

披毛

貓咪時常掉毛，尤其是在春、秋的換毛期特別容易脫落（參照p.116）。此外，貓毛並不防水，淋濕後很難風乾，會導致體溫流失。

貓咪也有血型

貓也和人類一樣有血型，種類為A、B、AB型這3種。大多數的貓都是A型，AB型非常罕見。B型則是會因特定的貓咪種類偶爾出現，特別是很多英國短毛貓、德文卷毛貓、柯尼斯卷毛貓都是B型。當貓咪受傷或生病需要輸血時，必須在醫院檢查牠適用的血型，才能輸血。

容易飼養的明星貓咪大集合！

貓種圖鑑

貓咪有純種和米克斯（混種）。
純種是指透過人工進行有計畫的交配後
確立的單一品種、有血統證書的貓。
相較之下，讓貓自由交配、超越品種繁殖而成的，就是米克斯。
米克斯繼承了父母各自的特徵，天生擁有特殊的外貌。
純種貓的外貌則是依品種而有各自的特徵，
大致可以分為披毛較長的「長毛種」，和披毛較短的「短毛種」。
純種貓的種類在全世界大約有40～50種，
但確切的數量並不清楚。
這裡就來介紹容易飼養又受歡迎的20種明星貓種。

米克斯
也各有特色

牠的雙親種類不明。披毛會因為父母的毛色而長成意想不到的花紋。（6歲母貓）

牠的母親是曼赤肯貓，父親是緬因貓。腿稍微短了一點，魁梧的體格和長毛都遺傳自父親。（3歲母貓）

純種貓的特徵從下一頁開始介紹

柔韌苗條的身材

阿比西尼亞貓

阿比西尼亞貓是被人從衣索比亞帶往英國，經過品種改良而成的貓。衣索比亞的舊名是「阿比西尼亞」，所以才以阿比西尼亞作為品種名稱。阿比西尼亞貓一如牠充滿野性的外貌，運動神經非常優越，會發出像鈴噹般的美妙叫聲。

基本檔案

特徵●體型像野生的豹一樣肌肉發達、緊實。披毛呈金黃色的條紋狀（虎斑），一根毛就混有很多種顏色，所以披毛會隨著光線和貓的動向而散發出耀眼的光澤。

性格●親人、愛撒嬌，穩重乖巧，但也有神經質的一面

體重●3～5 kg

原產國●英國

卷翹的耳朵十分獨特

美國卷耳貓

美國卷耳貓是一對居住在美國加州的夫妻收養一隻卷耳流浪貓，後來培育出的品種。雖然耳朵形狀獨特，但剛出生不久時耳朵還是豎立的，直到四個月左右才會漸漸卷曲。不過長成漂亮卷耳的機率大約只有一半。

基本檔案

特徵●特徵是往後卷的耳朵。披毛幾乎沒有底層的絨毛，觸感十分柔順。只要耳朵卷曲，不論是什麼毛色和花紋，都會認定是美國卷耳貓。

性格●可愛親人，溫馴聰明

體重●3～5 kg

原產國●美國

※體重為成貓的公、母平均值。

身體能力出眾且性格溫順
美國短毛貓

美國短毛貓移民自英國，起源於為了驅鼠而帶往美國的貓。牠的體格健壯，性格溫和，環境適應力也很高，很容易飼養。美國短毛貓的體力充沛，所以需要讓牠儘情玩耍。

基本檔案

特徵●肌肉發達，體格很有貓咪風範。披毛豐厚又華麗。除了在日本很受歡迎的銀灰色虎斑紋以外，還有黑色、白色等許多毛色。

性格●溫馴親人，強壯又聰明，冒險精神也很強
體重●3～6kg
原產國●美國

扁塌的臉格外討人喜歡！
異國短毛貓

異國短毛貓是繁殖戶期望「培育出有波斯貓的特徵，但披毛很容易保養的短毛種」，將波斯貓和美國短毛貓交配培育出來的品種，擁有優雅又沉穩的氣質。

基本檔案

特徵●最顯著的是眼距寬闊的圓眼睛以及扁塌的鼻子。身體的肌肉穩重發達，體格強壯。

性格●溫和文靜，優雅溫順
體重●3～5.5kg
原產國●美國

魅力在於野性又勻稱的體型

歐西貓

「歐西」（Oci）一名取自擁有美麗豹紋的野生貓科動物——美洲豹貓（Ocelot）。外表看起來就像豹一樣狂野，但性格卻很溫柔。不太會叫，即使叫了也非常小聲。

基本檔案

特徵●擁有骨骼、肌肉都十分均勻的體型。披毛非常細又茂密，帶有像豹一樣美麗的斑點。

性格●在習慣人以前有強烈的戒心，但個性溫柔又愛撒嬌

體重●3～6 kg

原產國●美國

暹羅貓加上五花八門的毛色和花紋

東方短毛貓

東方短毛貓是英國繁殖戶在培育雪白暹羅貓的過程中配種出來的貓，毛色和花紋的種類非常多，但性質和暹羅貓相同。牠的身材原本就很纖瘦，所以要注意不能餵食過多。

基本檔案

特徵●從苗條的身材延伸出來的四肢十分修長，擁有一雙杏眼。絲滑茂密的披毛觸感非常柔順。

性格●重情感又愛撒嬌，但偶爾會有一點神經質

體重●3～4 kg

原產國●英國

姿態典雅、性格友善

暹羅貓

暹羅貓是在泰國自古以來深受喜愛的品種，就像長毛種的波斯貓一樣，牠在短毛種當中擁有根深蒂固的人氣。暹羅貓具有俐落典雅的外貌，但性格卻截然不同，十分親人又活潑好動。

基本檔案

特徵●瞳孔是神祕的寶石藍色，身材修長，動作靈敏流暢。短披毛非常茂密，臉、耳、四肢、尾巴都帶有重點色。
性格●有任性的一面，但相當重感情，非常親近飼主。愛吃醋，所以很難與其他貓咪一同飼養
體重●3～4kg
原產國●泰國

嬌小的體格配上水亮大眼

新加坡貓

新加坡貓起源於新加坡街頭的貓。祖先是生活在下水道的流浪貓，但外表卻很優雅秀氣。性格乖巧文靜，很少喵喵叫，叫聲也非常小。

基本檔案

特徵●成貓最多也只會長到約3kg，體型嬌小。圓滾滾的杏眼相當獨特。披毛較短，一根毛上就有很多顏色，十分美麗。
性格●性格文靜、溫柔。好奇心旺盛，但有點膽小
體重●2～3.5kg
原產國●新加坡

下垂的耳朵就像玩偶一樣可愛

蘇格蘭摺耳貓

蘇格蘭摺耳貓起源於在英國蘇格蘭農場裡出生的垂耳貓。奶貓出生時是普通的耳朵，出生後約2～3週耳朵開始下垂，但也有大約一半的貓不會出現垂耳。

基本檔案

特徵●垂耳加上圓潤的臉和眼睛，還有圓滾滾的體型。披毛的密度很高，柔軟又富有彈性。有短毛種和長毛種。
性格●討人喜歡，性格溫和又溫柔。肚量比其他貓要大，適合和其他貓咪一起飼養
體重●3～5 kg
原產國●英國

這種貓也很受歡迎

塞爾凱克卷毛貓

塞爾凱克卷毛貓是在1987年的美國，觸鬚和披毛都卷曲的米克斯貓與波斯貓交配生出的品種。牠有圓圓的大眼和豐滿的體型，以及獨特的卷鬚和卷毛。

長毛版本的阿比西尼亞貓

索馬利貓

索馬利貓是突變成長毛的阿比西尼亞貓自成一類的品種。牠繼承了阿比西尼亞貓的所有特徵，鈴噹般的叫聲也一模一樣，加上牠屬於長毛種，因此外表更添了一分優雅。

基本檔案

特徵●擁有毛茸茸、如絲綢般柔軟的雙層毛（p.116）。一根毛上混雜了10種以上的顏色。體型像阿比西尼亞貓一樣肌肉發達，緊實柔韌。
性格●和阿比西尼亞貓一樣愛撒嬌。神經纖細膽小，不適合和其他貓一同飼養
體重●3～5 kg
原產國●英國

承襲了暹羅貓和緬甸貓的優點

東奇尼貓

東奇尼貓是在1960年代，暹羅貓和緬甸貓交配後誕生，屬於較新的貓種。牠的外貌高雅，看似很乖巧文靜，但卻非常好動又好吃，需要幫牠準備富有營養的食物和方便運動的環境。

基本檔案

特徵●披毛柔軟滑順、有光澤。圓臉和體型遺傳自緬甸貓，重點色則是遺傳自暹羅貓。

性格●綜合了暹羅貓重感情的一面，和緬甸貓愛玩又善於社交的一面

體重●3～6 kg

原產國●美國

緬甸貓

甩著美麗的披毛、優雅地漫步

挪威森林貓

挪威森林貓出生於極為寒冷的挪威，在大自然裡長大。牠有豐滿的披毛和結實的體格，所以一點也不怕冷。外貌穩重優雅，但卻十分強壯，跳躍力驚人，動作非常敏捷。

基本檔案

特徵●骨架粗壯，肌肉發達，體型魁梧，加上可以防水的厚重華麗披毛，讓身材看起來更壯碩。

性格●文靜，怕寂寞。重感情，十分親人

體重●5～7 kg

原產國●挪威

彷彿穿了襪子的腳非常可愛

伯曼貓

伯曼貓的祖先相傳是曾經守護高僧到臨終的「緬甸聖貓」，是一種很高貴的貓。後來牠遠渡法國，經過繁殖戶交配成為品種，才傳遍世界各地。

基本檔案

特徵●披毛鬆軟華麗，腳尖處的毛像穿襪子一樣變白。瞳孔顏色是神祕的寶石藍。體格沉甸穩重，肌肉十分發達。
性格●溫馴細膩。對飼主非常順從，很少叫出聲
體重●4.5～6kg
原產國●緬甸

祖先是驅鼠用的工作貓

英國短毛貓

英國短毛貓的祖先是在古羅馬時代，人類為了驅鼠而從羅馬帶到英國的貓，後來成為英國當地的土著貓，培育成為品種。環境適應力很強，喜歡單獨行動。

基本檔案

特徵●體格壯碩、肌肉發達，有一張大圓臉。公貓的體型比母貓大。觸感像天鵝絨的短披毛非常茂密。
性格●無拘無束，聰明，不過也有愛撒嬌的一面
體重●4～5.5kg
原產國●英國

代表長毛種的明星貓

波斯貓

所有貓當中歷史最悠久的品種之一。波斯貓據說來自亞洲，但起源不詳，長毛的優雅姿態和逗趣可愛的容貌，長久以來都深受人類喜愛。

基本檔案

特徵●外表看似豐滿胖碩，其實肌肉很發達。臉部特徵是有圓滾滾的大眼睛和塌鼻子。毛茸茸的雙層披毛非常茂密。

性格●溫馴親人；玩耍的方式很文靜，也很少叫

體重●3～5.5kg

原產國●英國

反映了山貓的野性氣息

孟加拉貓

繁殖戶為了培育出擁有野性氣息和美麗斑點的貓，經過長年研究後，才配出繼承了孟加拉山貓（亞洲豹貓）血統的孟加拉貓。

基本檔案

特徵●體型龐大健壯，肌肉發達又富有重量。披毛上帶有野性的斑點，觸感滑順。

性格●個性狂野，但也有善於社交的一面。愛撒嬌，所以也很親人，容易飼養

體重●5～8kg

原產國●美國

長身短腿的身材有點滑稽

曼赤肯貓

曼赤肯貓起源於突變生出的短腿貓，因為外貌滑稽而在日本很受歡迎。不過，即使父母都是短腿，偶爾也可能會生出長腿型的曼赤肯貓。

也有長腿型

長腿的曼赤肯貓很難與其他種類的貓區分。

基本檔案

特徵●腿非常短，但是對貓來說似乎沒有不便之處。屬於肌肉發達的體格，披毛有長也有短。
性格●好奇心強烈，探索精神也很旺盛。個性開朗，相當信賴飼主，會主動撒嬌
體重●3～5 kg
原產國●美國

龐大身軀和華麗的毛皮很受歡迎

緬因貓

緬因貓的起源有很多說法，但可以確定是北美的土著貓，推測是在棲息於大自然的時期練就出堅韌的肉體和精神。體型非常巨大，雄性成貓甚至可能會超過10 kg。

基本檔案

特徵●披毛有雙層，屬於堅硬豐厚的長毛。擁有骨架粗壯、肌肉發達的體格。在眾多貓種當中也是特別魁梧的品種之一。
性格●善於外交，好奇心旺盛。溫和、聰明文靜，但有不受管束的傾向
體重●5～8 kg
原產國●美國

蓬鬆軟綿，就像會動的布偶一樣

布偶貓

布偶貓是在1960年代誕生於美國加州。名稱裡的「布偶」，是取自牠乖巧的性格和豐厚的披毛。布偶貓屬於體型魁梧的貓種，公貓甚至可以重達10kg。

基本檔案

特徵●雙層披毛十分蓬鬆，觸感絲滑柔軟。胸膛厚實，骨架強壯又魁梧。
性格●對人類非常順從，總之就是溫和。看起來很穩重，但也有愛撒嬌的一面
體重●3～7kg
原產國●美國

這種貓也很受歡迎

拉邦貓

拉邦貓的始祖是在1982年，出生於美國奧勒岡州農家裡的1隻小貓。特徵是半長毛和柔軟的特殊卷毛，性格聰明溫馴，但也愛撒嬌、貪玩。

擁有藍色光澤的披毛十分神祕

俄羅斯藍貓

俄羅斯藍貓是首度引進日本的短毛種西洋貓，由於外貌相當神祕，因此在日本的人氣一炮而紅。瞳孔的顏色會從幼貓時代的金色，隨著成長逐漸變化。

基本檔案

特徵●瞳孔是祖母綠色，披毛是有藍色光澤的茂密柔軟短毛，身材苗條但肌肉發達。
性格●細膩且內向。喜歡安靜。對飼主很順從、會撒嬌。很少叫出聲
體重●3～5kg
原產國●俄羅斯

一看就懂！

貓咪成長年曆

成長、健康、生活的歷程

年齡	時期	成長	健康（接種WSAVA疫苗的理想範例）	生活
出生1週	奶貓期（0～2個月左右）	●臍帶脫落／體重以一天10～20公克的速度增加／爪子仍是外露狀態		●重複吃奶↓排泄↓睡眠的過程
2週	奶貓期（0～2個月左右）	●眼睛慢慢睜開／耳朵開始能聽見		
3週	奶貓期（0～2個月左右）	●乳牙逐漸長出／爪子開始能夠收放		●進入社會化時期（p.82）／開始吃離乳食品／奶貓會開始互相嬉鬧
1個月	奶貓期（0～2個月左右）	●漸漸能夠調節體溫		●開始變得活潑好動、愛玩
1個月半	奶貓期（0～2個月左右）	●乳牙長齊	●接種第1次綜合疫苗	●學會跳躍 ●正式斷奶，從此只吃貓飼料（約第6週）
2個月左右	奶貓期（0～2個月左右）		●接種第2次綜合疫苗 ●做健康檢查	●從入住家裡當天開始訓練吃飯、如廁／做社會化訓練（p.84）
3個月	幼貓期（3個月～1歲半左右）	●體重超過1公斤	●接種第3次綜合疫苗	●社會化訓練到這個時期為止
4個月	幼貓期（3個月～1歲半左右）	●恆齒開始生長／母貓開始發情／體重超過2公斤	●接種第4次綜合疫苗	

※成長過程為平均基準，會有個體差異。
※WSAVA＝世界小動物獸醫學會（疫苗的詳細資訊請參照p.156～161）

成貓期
1歲半～7歲左右

高齡期
7歲左右～

5個月
- 乳牙開始替換成恆齒
- 好奇心變得旺盛、正值淘氣的時期

6個月
- 恆齒長齊／公貓開始發情
- 可以開始做結紮、避孕手術（到大約1歲以前）

7個月
- 公貓開始會做記號（直到約10個月大）

1歲
- 幾乎達到成貓的體格
- 追加接種疫苗（之後每3年接種一次）
- 替換成成貓用的飼料

1歲3個月

2歲
- 年輕氣盛、行動活潑

3歲
- 身心都處於最穩定的狀態

7歲
- 替換成高齡貓用的飼料

10歲
- 這個時期開始會愈來愈容易生病
- 睡眠時間變長，行動變得較不活潑

15歲
- 大部分貓咪的壽命已到（也有愈來愈多室內飼養的貓活到20歲以上）

進入高齡期後
每3～6個月要做1次健檢

進入成貓期後
每3年要接種1次綜合疫苗

貓與人類的年齡換算表

貓	人類
出生1週	1個月
出生2週	6個月
1個月	1歲
3個月	5歲
6個月	10歲
1歲	17歲
2歲	23歲
3歲	28歲
5歲	36歲
7歲	44歲
10歲	56歲
15歲	75歲
20歲以上	100歲

換算成人類的年齡，貓的第1年相當於人的16～18歲，之後每1年則是以人類大約4～5歲的年齡往上加。

0～2個月左右 標準體重：100～700g

奶貓期

滿1個月以前，由母貓親自哺育

剛出生的奶貓體重大約是100～120g，直到3週大以前都需要用母乳哺育。母貓會舔舐小貓的肛門和尿道，幫助刺激排泄。母貓不在時，需要由飼主沖泡貓用奶粉餵食、輔助排泄，代替母貓照顧小貓（p.74～75）。約3週大以後，奶貓就會開始吃離乳食品，學習自行排泄。

滿3週後開始進入「社會化時期」

奶貓出生約3週後，就會開始進入吸收各種體驗的「社會化時期」（p.82）。這時一直到3個月大為止，這段期間要讓奶貓習慣各種事物，同時也要做如廁等訓練。接奶貓回家當天開始，飼主要多讓奶貓體驗各種成貓後必經的事物（參照第3章）。

接種第1次疫苗

奶貓長到2個月半～3個月半後，遺傳自母貓的抗體就會失效，所以在2個月大左右就要接種第1次綜合疫苗。根據各家寵物店和繁殖戶的作法，可能會在送養前就已經接種完成，請飼主在認養小貓時要先行確認。

讓貓咪習慣身體接觸

奶貓期還不需要特別保養，不過為了今後可以順利做好保養工作，以及避免小貓在就醫時不受控，還是需要從這個時期開始讓牠習慣保養。飼主接奶貓回家後，要及早開始增加身體接觸，以免貓咪排斥被人撫摸（p.60～61）。

3個月～1歲半左右　標準體重：1kg～5.5kg

幼貓期

3個月

充分提供高營養價值的食物

7個月大以前，是貓咪身體快速成長特別重要的時期，需要為牠提供優質的營養。要配合貓咪的月齡和年齡選擇高營養價值的貓食，讓貓咪充分進食（參照p.134～139）。

考慮做結紮、避孕手術

貓的成長速度很快，有些母貓大約在4個月大以後就會第一次發情。如果飼主考慮為貓咪做避孕手術，最好選在6個月～1歲左右完成。公貓的結紮手術也建議在這段期間處理（參照p.172～173）。

1歲

3個月大以前要注重社會化

小貓出生約3週後開始的社會化時期，是以約5～7週大為主，直到3個月大以前都是最重要的發展期。繼奶貓期之後，最好能讓小貓習慣各式各樣的事物，增加接觸其他人和動物的機會。

確實做好預防接種

接奶貓回家，等牠熟悉環境幾天、穩定下來以後，再帶牠去醫院做健康檢查。飼主需要和獸醫師商量，當貓咪來到適合接種綜合疫苗的時期，就要儘早施打，並做好預防絲蟲病（p.161）的計畫。如果是在外面撿到的棄貓，也要一併和醫師諮詢除蚤、除蟎、驅除寄生蟲的事宜（p.120～121）。

1歲半～7歲左右　標準體重：3.5～5.5kg

成貓期

做好各個季節的身體和環境防護

成年貓咪在各個季節都會出現特殊徵兆，像是披毛脫落更新的換毛期（p.116）、情緒亢奮的發情期（p.172～173）等等。飼主要用心因應各個時期做好防護。為了讓貓咪可以在炎夏與寒冬舒適生活，為牠布置合乎季節的環境也很重要（參照p.144～145）。

不時確認貓咪是否儘情玩耍

貓咪過了對任何事物都興致勃勃、愛嬉鬧的奶貓期～幼貓期以後，行為就會逐漸穩定下來，大部分時間都會在自己喜歡的地方悠哉放鬆。不過，為了滿足貓咪的狩獵本能和避免肥胖，飼主要好好評估現有的環境是否能讓貓咪儘情玩耍，偶爾也要用玩具引誘貓咪來玩耍。

持續預防疾病

貓咪1歲以後，每3年必須要預防接種1次疫苗。即便是養在室內，貓咪也可能會感染飼主或客人從外面帶進來的病毒而發病。此外，當貓咪生病需要住院，或是因為飼主外出旅行而寄宿在寵物旅館時，若是沒有接種疫苗，通常無法收治或順利入住，要多加注意。

飲食管理也很重要

為了維護貓咪健康，飼主要幫貓咪維持適量的飲食。成貓所需的能量比奶貓期要少，所以飼主要注意貓食的分量。

要配合貓咪的體格，提供適當熱量的食物（參照p.138～139）。

7歲左右～ 標準體重：3.5～5.5kg

高齡期

替換成高齡用的貓飼料

貓的消化功能會隨著年齡增長而改變。食物需要換成營養價值高、好消化的老貓專用飼料。此外，為了幫貓咪降低消化器官的負擔，並且維持良好的健康狀況，從奶貓時期幫牠養成固定時間、固定次數的進食習慣也很重要。

換成無壓力和放鬆悠閒的生活型態

高齡貓千萬不能有壓力！飼主要幫忙布置出夏涼冬暖、對身體負擔較小的環境。另外，食盆和水盆的位置、便盆的入口位置都要放得比以往更低，讓貓咪方便使用。高齡貓也會漸漸變得很難習慣新的事物。

增加定期健檢的次數

高齡期的身體各處功能會逐漸下降、抵抗力衰弱，很容易生病。尤其是在貓咪7歲以後，罹癌率會頓時大增（參照p.170）。貓的3個月大約相當於人類的1年，因此最少每半年做1次、10歲後盡可能每3個月做1次健康檢查。

平常就要勤做保養

老貓的身體靈活度會下降，變得無法好好自行整理披毛。尤其是長毛貓，飼主必須勤於幫忙梳毛。到了約15歲以後，貓咪會漸漸無法控制爪子，導致爪子外露，磨爪的次數通常也會減少。所以飼主最好每個月幫貓咪剪一次爪子。

關於高齡貓也可以參照p.176～178

哪裡可以迎接貓咪呢？

要有負起責任、守護貓咪到臨終的覺悟！

「養貓」代表要將貓咪視為家庭的一分子，負起責任養育牠、讓牠一輩子都能活得幸福快樂。決定要飼養貓咪以後，建議要做好守護這個生命直到最後一刻的覺悟，再開始尋找貓咪吧。

貓咪認養!!

尋找貓咪的方法

購買

從寵物店

寵物店的優勢是方便前往，可以在店內參觀各種貓咪以後再決定。不過，貓咪可能會因為在店內長時間生活、籠子清潔不徹底，或是店家的管理不夠嚴謹等因素，變得很容易生病。最好要仔細確認貓咪的狀況和店內的衛生環境。購買貓咪後是否還能與店家諮詢飼育方法，選擇良心商家也是一大重點。

從繁殖戶

如果已經確定自己想飼養的貓咪品種，也可以直接向繁殖戶購買。繁殖戶是指主要繁殖純種貓的個人或組織。可以先透過繁殖協會的介紹，或是利用貓咪專門書籍雜誌來聯絡洽詢，如果發現理想中的貓種，要親自去當地探訪、確認飼養環境和母貓的狀況。繁殖戶是該貓種的專家，可以向對方請教詳細的說明；在血統方面，也比店家更容易找到接近自己期望條件的貓咪。

網路銷售有風險

不管是寵物店還是繁殖戶，都可能會提供網路商店銷售的方式。很多人會因為可以快速買下自己中意的貓咪，而注意到這個簡便的管道；但實際上，不清楚貓咪和飼養環境的狀況就冒然購買，會伴隨很大的風險。建議還是要先看看貓咪、參觀飼養環境後，再決定是否購買。

尋找貓咪的方法

收養

從自治團體

也可以向動物保護處之類的自治團體認養貓咪。一般流程是先電洽或寫電子郵件詢問，如果對方正好收容符合你期望的貓，就前去參加講習會，親自見過貓咪後，再正式辦理認養手續。此外，日本的區公所保健衛生課也提供認養平台，開放有意認養的民眾登記候補，等待願意轉讓貓咪的人出現。很多認養條件都是要求貓必須養在室內、已做完避孕或結紮手術等等，作法會因自治團體而異，所以建議還是先洽詢。

從原飼主或中途之家

在個人或動物保護團體的網站、獸醫院的布告欄上，常常會張貼「路邊拾獲小貓，尋求好心人領養」、「家裡的母貓生了很多小貓，想要送養」等認養貓咪的公告。認養或許可以救貓咪一命，讓牠過著幸福的生活。但如果是棄養的貓，很可能已經生病，或是害怕人類而難以親近人。在收養貓咪以前，要先知道可能承擔的風險，審慎思考自己是否養得起。即便是別人送養的奶貓，仔細確認之前是什麼樣的人、在什麼環境下飼養也很重要。

在路邊撿到貓咪

即使是路邊的貓也有可能是單純的走失（別人養的貓），建議先聯絡動保處等自治團體。如果是棄養的貓，要冷靜思考判斷自己和貓咪的狀況，確定①是否能夠自行飼養、②找到收養人以前是否能夠妥善照顧、③是否能夠負擔①②所需的費用、④家裡的原住貓是否承擔得起可能有傳染病的風險。只要覺得飼養起來有困難，也可以向動保處或獸醫院諮詢，請他們協助尋找收養人。

如果是自行飼養或暫時收留照顧，或是貓咪的健康狀況不佳，就要立刻帶到獸醫院做健康檢查。（參照p.74）

飼養前要先做過敏檢查

貓毛和皮屑可能會引起過敏症狀。只要對貓咪過敏，接觸貓咪時就會出現眼睛癢或充血、打噴嚏、流鼻水、身體搔癢等症狀。打算飼養貓咪的人，最好先自行前往醫院抽血檢查，確認是否有過敏問題。

即使有過敏也想養貓的話，等到開始飼養以後，就要特別仔細清潔打掃容易沾到貓毛和皮屑的布織品。

健康貓咪的挑選方法

觀察、觸摸來確認貓咪的健康狀態

第一次養貓的人，還是選擇健康的貓咪最保險。有些人很熟悉怎麼養貓，會特意領養生病的貓咪來照顧，但這對養貓新手來說太難了。第一次養貓還是要選擇活潑的貓咪從小養起，逐漸習慣飼養的方法會比較安心。

要分辨貓咪的健康狀態，必須仔細觀察、觸摸貓咪。不熟悉貓咪的人可能無法分辨貓咪的狀況，所以有疑問的話，就儘管詢問寵物店店員或繁殖戶吧。

分辨健康貓咪的重點

耳

如果耳朵裡又黑又髒，可能是耳疥蟲引起的外耳炎。

鼻

貓咪即使鼻頭乾燥也沒關係。如果是流出黏稠的鼻涕，或是不停打噴嚏，那就可能有傳染病。

四肢

要檢查貓咪的手腳是否過瘦、行走方式是否有異。如果貓咪會拖著腳，或是腳上長出硬塊，都可能代表生病。

眼屎、充血、淚眼都可能暗示貓咪生病。要確認貓咪的視線能否能凝視、追隨眼前的物體。

嘴、口腔

口水多可能代表有口腔炎或傷口。口臭則是起因於牙齦炎或牙結石。

其他檢視重點
（出生2～3個月的奶貓）

- □可以順利奔跑、跳躍
- □對玩具興致勃勃
- □不會過度害怕人類
- □不排斥被人撫摸
- □叫聲很有精神
- □食慾旺盛

挑選貓咪時最好要安排充足的時間，才能實際觀察牠的活動狀況、與人接觸的反應等等。

相同月齡的貓，
體格也會因品種而大不相同。
瘦弱
豐腴

體重

健康的貓咪體格健壯，抱起來時可以感受到沉甸甸的重量和彈性（不過有些貓種本來就很削瘦修長，建議先確認）。

毛皮

先檢查披毛的光澤。如果貓咪出現身體發癢的反應，或是有部分披毛較稀疏，代表可能有皮膚病等疾病。傷口、結痂、跳蚤等問題也要多留意。

屁股

肛門只要縮緊且外觀乾淨就沒問題。如果肛門紅腫鬆垂，代表貓咪可能有寄生蟲引發的慢性腹瀉。

腹部

奶貓的肚子一般都是圓滾滾的，但要是腹部過度外凸，代表可能有寄生蟲、其他傳染病、便祕等等。

爪、肉墊

要檢查貓咪的爪子和肉墊是否有傷口。

挑選貓咪的5個重點

要仔細考慮各項選擇的重點

即使已經決定要養貓，在挑選貓咪時還是有很多應當思考的重點。比方說，性別要選公貓還是母貓、品種要選純種還是米克斯。短毛種和長毛種的外表和保養方式也截然不同。另外，單隻飼養和多隻飼養要做的心理準備也大不相同。

充分了解各方面的好處與壞處之後，最後再決定理想中的貓咪吧，如果感到猶豫不決，也可以找養貓的人、寵物店商量諮詢。

公貓 母貓 哪個好？

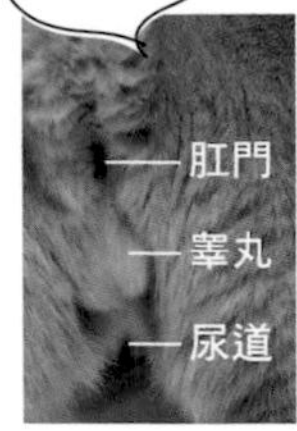

肛門和尿道之間有睪丸。

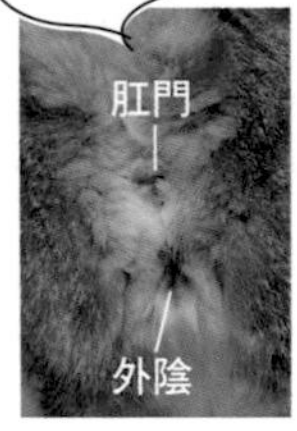

肛門下方是外陰部。

一般而言，公貓通常愛撒嬌又活潑，母貓通常敦厚又乖巧。不過，性格的個體差異還是很大，不一定會有性別之分。

在奶貓時期，兩性的外表沒什麼差別，等到成貓時後，公貓的體型才會顯得較壯碩。另外，發情期的公貓會出現做記號的舉動，母貓則是會發出淒厲的叫聲，這一點也千萬要記住（參照p.172～173）。

純種 米克斯 哪個好？

純種貓是經過有計畫的交配、擁有血統證書的貓，價格較高，外貌的特徵會因品種而不同，所以飼主很容易選出自己偏好的類型。米克斯是自由交配繁殖的貓，毛皮和花紋都很有個性，可以輕易找到，體格比純種貓更強壯，相當親人。不過，貓咪的性格會有個體差異，因此重要的還是仔細觀察後再挑選。

奶貓 成貓 哪個好？

如果從奶貓開始飼養，就可以儘情享受貓咪最可愛的時期，小貓應該也會比較親人；但另一方面，訓練和飲食方面的照顧也比較費工夫。成貓的身心狀態都比奶貓沉穩許多，如果是曾被別人飼養過的貓，就不必特地費心訓練。不過，如果是成貓後才收養，貓咪可能不容易親近人。建議也要考慮自己的生活型態，再決定要養什麼年齡的貓。

短毛種

長毛種

短毛種 長毛種 哪個好？

短毛種的貓大多很活潑好動，保養方面只要偶爾梳毛就好，不太費工夫。另一方面，長毛種的貓大多溫順穩重，優雅的姿態很有魅力；但是為了維護牠美麗的毛皮，必須每天梳毛，大家可以思考自己對貓咪外觀的偏好和照顧的工夫來選擇。

單隻飼養 多隻飼養 哪個好？

單隻飼養

多隻飼養

多隻飼養時，貓咪會有手足或同伴，不僅可以作為玩伴，幫飼主看家時也不會覺得孤單。但是，為了避免貓咪之間打架，重要的還是貓咪的契合度。有些貓咪天性就喜歡獨處。如果是單隻飼養，飼料錢和醫療費支出也不至於太龐大，又不必擔心打架。無論是哪一種，重點都是要先了解貓咪的性格再決定。

COLUMN

養貓需要花費多少錢 How Much?

開始飼養貓咪後，有些東西必須先準備妥當。像是貓飼料、便盆用的貓砂這類需要定期購買的物品，還有理毛用品、玩具等基本上買一個就能用很久的物品。

金錢負擔最大的還是醫藥費。如果沒有加入寵物保險，貓的醫藥費基本上需要飼主全額負擔。因此決定養貓時，重點是要做好醫療支出會很可觀的心理準備。

貓咪所需的花費一覽（標準額）

食盆	500～3,000日圓
貓飼料	
濕糧	1個月 6,000日圓
乾糧	1個月 2,000日圓
便盆	2,000日圓～
貓砂	1個月 1,000日圓～
寵物用尿墊	600日圓～
磨爪板	500～3,000日圓
貓用指甲剪	1,000日圓
毛梳	600～3,000日圓
籠子	4,000～30,000日圓
外出籠	4,000～10,000日圓
玩具	200日圓～
貓窩	1,000日圓～

日本的貓咪醫藥費（標準收費）

診察費	
初診費	1,000～2,000日圓
複診費	500～1,500日圓
1日住院費	2,000～4,000日圓
預防接種	
3種綜合疫苗	3,500～8,000日圓
5種綜合疫苗	4,500～10,000日圓
注射技術費（不含藥劑費）	1,000～3,000日圓
點滴（1日）	3,500～4,000日圓
處置費	
投藥（1種、1日份）內服藥	300～500日圓
外用藥	500～1,500日圓
結紮手術	15,000日圓～
避孕手術	20,000日圓～

會很花錢喔
喵～

2章

同居的準備&初期的生活方法

接奶貓回家前的準備事項

奶貓用品要事先準備齊全

確定要飼養奶貓以後，在接牠回家以前，要先將需要的用品準備齊全。

首先需要準備的是廁所用品、貓窩、食盆、貓飼料、磨爪板等等，另外還有方便帶貓咪去醫院的外出籠。理毛用具和玩具可以之後再慢慢添購。除此之外，如果能準備籠子和項圈會更方便。

接奶貓回家後，至少要安排三天、但最好是一週左右的空檔，保持家裡始終有人在的狀況，避免將奶貓單獨留在家。

這些一定都要事先準備

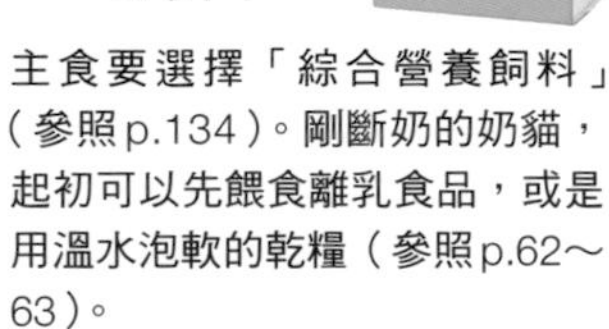

奶貓用飼料

主食要選擇「綜合營養飼料」（參照p.134）。剛斷奶的奶貓，起初可以先餵食離乳食品，或是用溫水泡軟的乾糧（參照p.62～63）。

食盆

需要準備飼料盆和水盆2種。要選擇穩定不易打翻的款式。

便盆＆貓砂

用法是將貓砂鋪進便盆裡。便盆的類型和貓砂，可以參考p.64來選購。如果是收養或購買的貓咪，建議在裡面混入一些貓咪先前用過的貓砂，貓會比較容易習慣（參照p.46）。

貓窩

如果是市售品，就選擇方便清洗的款式。也可以在外出籠裡鋪軟墊當作貓窩，或是用毛巾和毛毯疊成貓窩。

磨爪板

為了避免貓咪抓家具和牆壁，一定要準備磨爪板。有瓦楞紙製、地毯等布製、木製等豐富的種類，可以依照貓咪的喜好擺在地上，或是立在牆邊使用（參照p.66～67）。

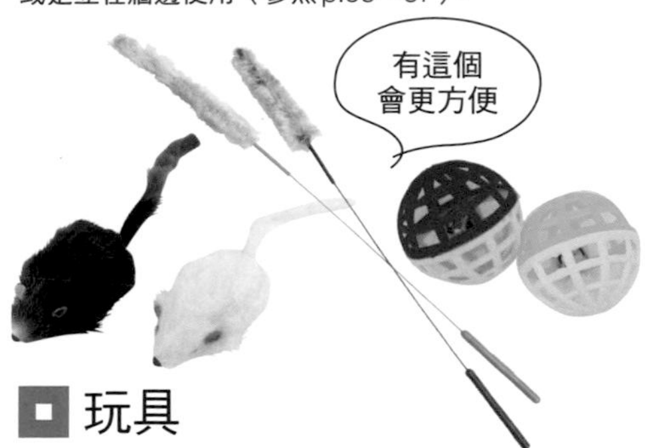

玩具

要選擇貓咪專用的玩具，還有適合讓奶貓啃咬的安全款式。咬進嘴裡的東西可能會造成誤吞，所以必須多加小心。剛開始不需要買很多，建議先觀察貓咪的喜好，再慢慢添購補足。

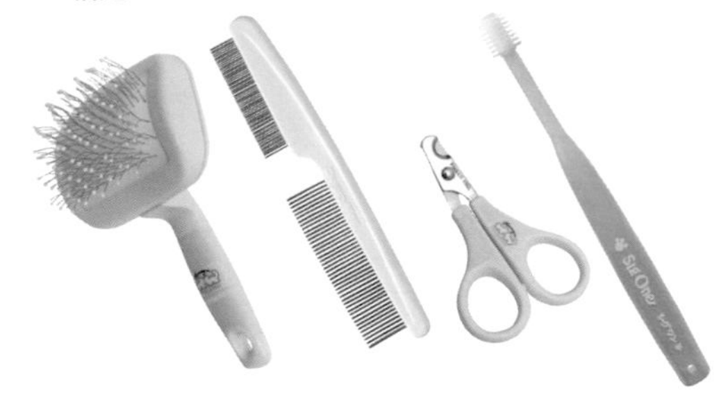

理毛用具

梳理披毛用的針梳、扁梳、修剪貓爪用的指甲剪、貓用牙刷等等（參照p.114）。

外出籠

除了運送貓咪以外，也可以放在室內，給貓咪當作可以安穩入睡的家。如果頂部也設有開口，就可以輕易抱著貓咪進出。尺寸要以貓咪是否可以在裡面轉身為基準。飼主可以空出雙手的背包型外出籠，在災害避難時會很方便（參照p.191）。

有這個
會更方便

籠子

籠子是為貓咪確保一個可以安穩的地方，尤其是在奶貓時期，籠子也可以用來防止貓咪在獨自看家時發生意外。為了避免貓咪跳出籠子，也有加裝頂板的款式。

布置好能讓奶貓安心生活的環境

準備一個貓咪能安心的容身之處

來到新環境的奶貓，都會感到滿心不安，請先幫牠布置一個可以安心的空間吧。有些貓咪怕寂寞、需要有人陪伴，有些貓咪需要在沒人看見的地方才會感到安穩。先觀察一下貓咪的性格，再找出適合貓咪生活的空間。

貓用空間要避免空調直吹和陽光直曬。為了讓奶貓可以任意活動，非密閉的空間也ＯＫ。如果有不希望貓咪誤闖的地方，或是環境不夠安全，最好接貓咪回家後就立刻放入籠子裡。

讓奶貓安心習慣環境的重點

為了讓貓咪及早習慣環境，必須為牠布置一個能夠安心穩定下來的容身之處。首先，最重要的是了解貓的習性。像是「聞到排泄物的味道就不吃飯」、「喜歡狹窄又不會被人看見的地方」、「聞到自己的氣味就會安定下來」等等，重點在於理解貓的習性，為牠打造一個沒有壓力的空間。

最好從貓咪之前居住的地方取得的物品

沾有母貓氣味的毛毯

如果能拿到沾有母貓和奶貓本身氣味的毛毯，鋪進貓窩裡就能讓牠安心入睡。

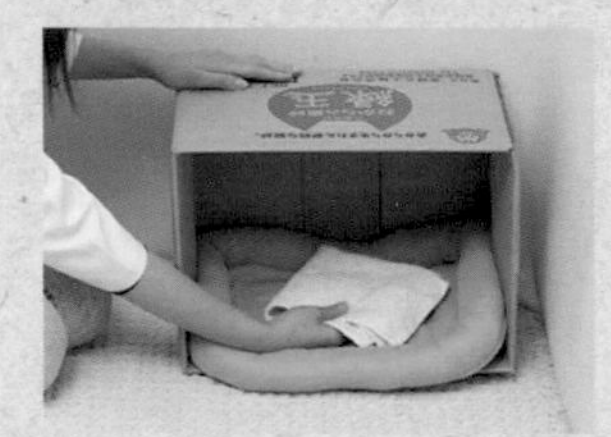

奶貓用過的貓砂

從上一個地方取得沾有奶貓排泄物氣味的貓砂，混入新的貓砂裡，就能讓牠順利在便盆裡排泄。

貓咪專用空間的基本

建議在客廳或附近的房間，這類不會太吵雜的地方設置貓用空間。
奶貓剛來到家裡時，將牠安置在容易看見的地方會比較放心。
空間內要放置貓窩、便盆、食盆、磨爪板等貓需要的用品。

便盆要放在安穩的地方

貓不會在不安穩的地方排泄。所以便盆要遠離人的動線，設置在房間角落這類貓咪可以感到安穩的地方。最好能在另外一處多設置一個便盆。

貓專用空間要設在房間角落

在安穩的房間一角設置貓咪專用空間。貓通常都喜歡狹小、四周圍起來的地方，所以也可以用小紙箱或外出籠來代替貓屋。

在貓可以安心的地方設置貓窩

在用來代替貓屋的箱子裡，或其他不易被人看見的狹窄地方，鋪上柔軟的貓窩。若是能放入沾染貓咪習慣氣味的東西，牠也會比較安心。

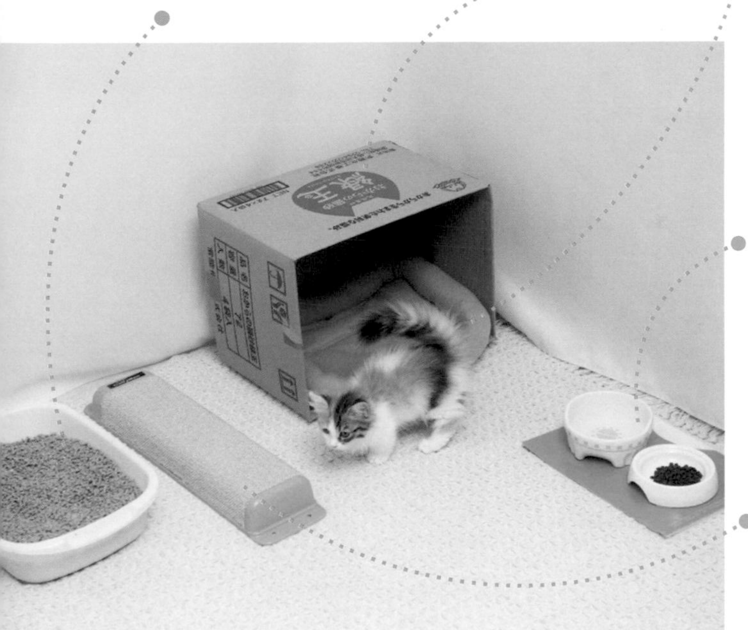

食物和水要離便盆遠一點

貓不願意在聞得到排泄物氣味的地方吃飯，因此便盆要放在離進食位置較遠的地方。

記得放磨爪板

剛入住的奶貓會因為環境變化而感到不安，所以也要設置磨爪板，讓牠可以磨磨爪子來穩定情緒。

夜晚和外出時把奶貓放入有頂部的籠子

奶貓可能會鑽進任何地方，所以在夜晚、外出這些飼主無法留意貓咪狀況的時候，要將奶貓放入籠子裡。約2個月大的奶貓可能會爬上籠子，因此需要準備有頂部的籠子。

攀爬籠子的奶貓（三個月）。

打造貓咪舒適房間的8個重點

1 在可以安穩的地方進食

貓咪在吃飯時，如果身邊有人就無法安定下來。因此進食空間要設置在廚房或客廳的角落等等，這類很少有人會經過的安穩場所。

2 便盆要與進食區域隔開

貓基於本能，不會在排泄的地方進食。加上考慮到衛生問題，最好將便盆和進食區域隔開。

3 夏季適溫、冬季保暖

貓會長時間起居的地方，要注意不能讓空調的風向直吹。貓比我們想像中的要耐熱、耐寒，所以室溫只要保持在人類舒適的溫度即可。貓咪會自行尋找舒服的地方待著，因此房間的門不必關緊，要半開著讓貓咪可以自由進出。

4 安排可以曬太陽的地方

貓咪喜歡在有溫暖日照的地方悠閒享受。要盡可能在窗邊等日照良好的場所，為貓咪布置一個可以放鬆的空間。

5 準備一個可以上下運動的房間

貓咪是會爬上爬下、享受高低落差的動物。最好能設置高度不同的家具，或是添購貓跳台。不過有些貓對貓跳台絲毫不感興趣，所以在購買前，要先仔細觀察貓咪是否喜歡上下運動和高處。

6 最好要有可以讓貓咪鑽入的空隙

貓最喜歡狹窄的地方。如果有家具的上面、沙發底下、空隙等可以鑽入的地方，貓咪會非常開心。但要注意不能放置危險物品。

7 玩樂區域不必太大

第5點提過貓咪喜歡上下運動，所以玩樂的區域不必太寬廣，只要有足夠短程衝刺的空間就可以了。

8 準備可以俯瞰整個房間的位置

貓咪經常睡在冰箱、衣櫃等高大的家具上方，是地盤意識很強的動物，只要能從高處大範圍瞭望、檢視周圍的狀況，確定沒有危險後就能安心。尤其是公貓，如果沒有一個夠高的安身之處，就會因為壓力而變得躁動。

保護貓咪避免受傷和意外的安全對策

以貓的安全為第一考量

貓的身體柔軟度很高，動作輕巧靈活，所以往往會鑽入、爬上令人意想不到的地方。而且貓基於天生的好奇心，也常會觸碰各式各樣的東西。牠的動作敏捷，一旦窗戶或大門敞開，甚至可能一溜煙就衝了出去。

為了讓貓可以安全生活，預測所有貓咪可能會有的行為、提前排除危險是最高原則。貓並不是被罵就會乖乖聽話的動物，所以飼主要為牠整頓一個安全的環境，以免牠受傷或遭遇意外。

貓咪的安全對策

抽屜一定要記得關好

貓咪可能會誤吞抽屜裡的小物，甚至還有飼主沒發現貓咪鑽進壁櫥就關上，結果導致貓咪長時間悶住的案例。不想讓貓咪觸碰和進入的地方，都一定要記得關好。

電線和插座要做好防護

貓咪啃咬電線可能會導致觸電，所以一定要藏在地毯下方或家具背面，並且加裝電線保護套。牆上的插座也要加上蓋板，以免貓咪亂玩。

危險物品要收好

如橡皮圈、塑膠碎片、緞帶、繩狀物品等等，都有造成誤吞的危險。要檢查室內各處是否有類似的物品掉落。

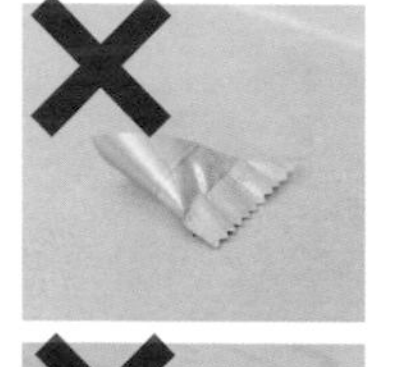

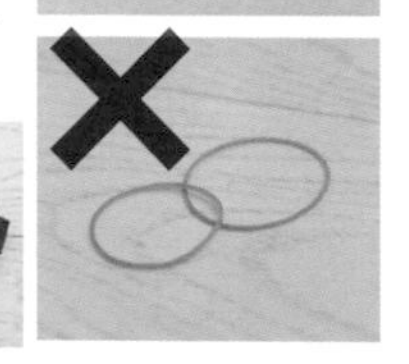

狹窄的地方要排除所有危險

家具底下和空隙間不要放殺蟑用的硼酸球等貓咪可能誤食的物品。也要經常整理這些地方，以免貓咪受傷。

垃圾桶要加蓋

垃圾桶最好要加蓋，避免貓咪吃到誤吞會有危險的物品、吃了會中毒的東西、廚餘等等。

不放觀葉植物

貓可能會吃掉觀葉植物。很多觀葉植物都會導致貓咪中毒，所以建議飼主都不放，如此會比較安心。

小心熱水瓶和電子鍋導致燙傷！

放在櫃檯或桌子上的熱水瓶和電子鍋，在貓咪跳上去時可能會掉落或是翻倒，導致貓咪燙傷。這些電器都要放在貓咪爬不上去或進不去的地方。

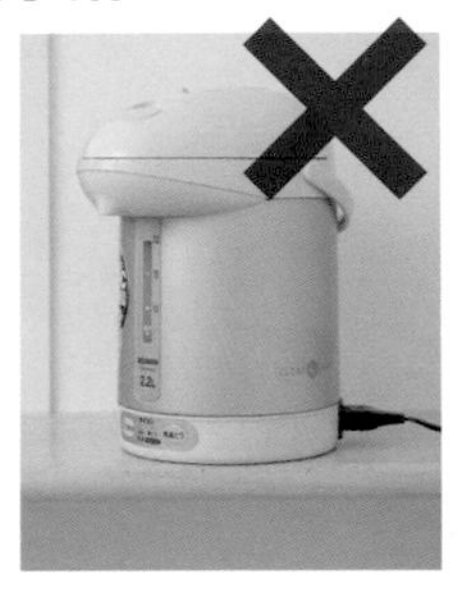

安裝不會勾住爪子的窗簾

奶貓和年輕的貓咪可能會爬上窗簾玩耍，因為爪子被勾住而受傷。窗簾最好換成不容易勾住爪子的平滑布料。

浴缸不要裝著水不顧

浴缸和洗衣機裡要是裝滿了水，貓在爬上去看或試圖喝水時掉進去，會有溺水的危險。用完最好立刻把水放掉或是加蓋，並且避免貓咪進入浴室和洗衣間。

用門檔固定門板

房間的門最好開著，方便貓咪自由進出。但貓可能會被門夾住受傷，所以最好把門打開到貓可以通過的幅度，用門檔固定。

玄關大門一定要關

把貓養在室內時，貓咪可能會逃到戶外發生車禍或是走失。所以一定要養成隨手關好玄關大門和窗戶的習慣。

注意瓦斯爐

貓咪可能會發生跳上瓦斯爐、不小心開火，結果導致燒傷的意外事故。此外，熱水壺和料理擱在瓦斯爐上，也可能會害貓咪出事。要避免貓咪進入廚房、加上瓦斯爐蓋板、不在瓦斯爐上置物等等，費心做好防護。

有誤食危險的物品可參照p.130～131，關於誤吞可參照p.150

讓奶貓習慣新環境的方法

先讓貓咪在室內自由活動

剛來到家裡的奶貓，身邊圍繞的全都是陌生人和不熟悉的東西，所以會感到強烈的不安。接奶貓回家後，暫時不要一直抱、撫摸牠。先讓牠自由活動，觀察牠的狀況吧。

把奶貓放進屋裡後，牠應該會開始提高戒備，同時在屋裡探索。只要沒有危險，就不要輕易干涉牠，盡可能讓牠任意活動。有些奶貓在累了以後可能會待在原地不動，這時也要靜靜在一旁守著牠，直到牠習慣為止。

不要製造太大的聲響 不要過度打擾貓咪

貓咪最討厭巨大的聲響，尤其是剛到新環境的奶貓戒心非常高，所以一聽到巨大聲響就會膽怯、產生很大的壓力。要儘量注意避免物品掉落，或是用力關門等會突然發出巨響的狀況。電視、音樂、烹飪、打掃等日常生活的聲音倒還無妨，但也要小心不要過於大聲。

此外，要是在奶貓尚未熟悉環境時，就一直纏著牠玩耍互動的話，反而會加強牠對飼主的戒心。要暫且讓牠任意活動，等牠主動靠過來時再陪牠玩。這時如果貓咪看起來已經很厭煩了，也不要繼續糾纏牠，放手讓牠自由行動吧。

家裡有年幼的孩童時

如果屋裡有個可以讓貓咪躲藏的狹小地方，或是小孩碰不到的高處，避免被小孩追著跑或強迫抱住，貓咪也會比較安心。等到小孩習慣怎麼和奶貓相處後，他們也可以當彼此的玩伴。因此在接奶貓回家以前，父母要先教育孩子如何對待貓咪。

貓咪回家第一天的互動方法Q&A

Q1 不要一直盯著看、假裝不管牠比較好嗎？

A 要依貓咪的性格而定，仔細觀察奶貓的狀況再判斷

貓的性格各不相同，如果牠的戒心很強、躲在暗處不肯出來，或是一有人靠近就會出現威嚇性的攻擊反應，那一直盯著牠看可能就會害牠緊張或是壓力很大。但如果是會主動靠近人類的友善奶貓，就不必在意這些事了。可以在奶貓不會疲累的程度內陪牠玩耍，不過還是要注意別過度糾纏牠。

Q2 如果貓咪太緊張吃不下，我是不是應該要走開？

A 在貓咪習慣以前，先讓牠自己單獨慢慢進食吧

奶貓在不熟悉的環境會感到不安，而且進食的地方若有陌生人在場，甚至可能會緊張到吃不下飯。在貓咪習慣以前，最好讓牠在單獨的房間裡安穩地進食。另外，也要考慮到擺放飼料和水的地點是否妥當（參照p.46～47）。

Q3 聽說要讓貓聞手指的味道比較好，真的嗎？

A 這算是一種和貓咪培養感情的好方法

貓咪的好奇心非常旺盛，一看到陌生物體就會習慣先確認「這是什麼？」貓的嗅覺十分靈敏，會聞味道來確認，而這個舉動也有將自己的氣味沾到人類手指上的含義。這麼一來，貓咪就可以和飼主培養出良好的關係，因此在貓咪靠近時，大可輕輕地對牠伸出手指喔。

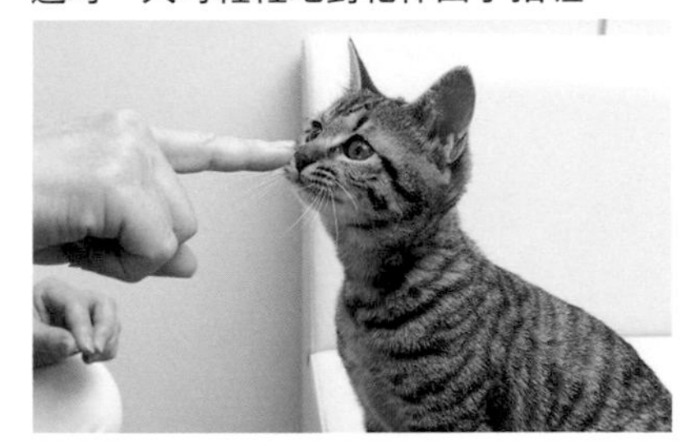

Q4 為什麼貓咪老是不願意直視我？

A 貓本來就是不會直視對方的動物

貓咪之間本來就很少對眼直視，對眼直視感覺就像是快要打起來一樣，只有在互相嚇阻對方時才會有這種舉動。因此，貓不願意和人類對眼只是一種習性。不過，當貓咪和飼主建立了信賴關係，待在一起可以感到安心以後，可能就會迎向飼主的目光並慢慢地眨眼（參照p.81）。

如果家裡已經有貓了

契合度很重要！也要設想無法融洽相處的狀況

多隻飼養要注意的項目和單隻飼養不同，尤其家裡已經有原住貓、準備接新來的奶貓回家時，飼主必須考慮貓咪的個性是否相投。貓的地盤意識很強，如果有陌生貓咪闖入，就會感受到威脅而產生很大的壓力。如果貓咪彼此性情不相投，就會整天打架，或是做出很多壓力導致的惱人行為。飼主必須根據情況做好心理準備，先設想如何將貓咪分開飼養在不同房間，或是尋求其他領養人，想好後再迎接新貓咪。

貓咪之間的契合度

要先了解貓咪之間常見的契合度好壞。
不過最終仍要依貓的性格而定，僅供參考。

契合度	原住貓	新貓	理由
◎	貓父母、兄弟姊妹	奶貓	彼此都很熟，契合度很高
○	奶貓	奶貓	對彼此都不需要太警戒，可以一起玩耍
○	成貓	奶貓	成貓可以代替幼貓的父母。飼主要注意不能只疼愛奶貓
△	母成貓	母成貓	地盤意識沒有公貓那麼強，不容易打架
△	母成貓	公成貓	公貓喜歡母貓，若沒有繁殖打算就需要做結紮和避孕
✕	公成貓	公成貓	兩者的地盤意識都很強，很有可能會打架
✕	高齡貓	奶貓	奶貓激烈的動作和貪玩的模樣，可能會對老貓造成壓力

讓原住貓習慣的方法

1 新貓放在其他房間裡

如果讓原住貓和新貓馬上見面，雙方可能會打架。建議前3天先讓新貓住在其他房間裡，讓原住貓即使沒看到新貓，也能逐漸習慣牠的氣味和存在。

2 先隔著籠子面對面

等原住貓慢慢習慣新貓的存在以後，再讓牠們首度見面。剛開始要將新貓放在籠子裡，讓牠們見面以前，先交換牠們的毛毯或毛巾等沾染過彼此氣味的物品，有助於讓牠們熟悉彼此。

3 由飼主引導兩隻貓接觸

由飼主抱著新貓，讓牠與原住貓接觸。這時不要強行將新貓抱過去，而是等待原住貓主動靠近。一旦有其中一方生氣了，就要馬上拉開距離，再尋找其他機會嘗試。等到兩邊都不再抗拒彼此之後，再慢慢拉長接觸的時間。

＊如果疫苗接種尚未完成，建議在接種滿2週後再讓牠們接觸。

4 生活要以原住貓優先

飼主往往都會忍不住跟新貓膩在一起，但應當要以原住貓為優先。不管是餵食還是抱抱，都要以原住貓優先，注意不要造成牠的壓力。

如何度過接奶貓回家的第一天

靜靜守候 直到奶貓習慣環境

終於到了接奶貓回家的第一天。一開始，貓咪可能會在不熟悉的環境下叫個不停、因為壓力而導致身體狀況不佳。為了盡可能避免這些情形發生，食物要暫時先提供牠之前吃的飼料，並且不要過度打擾牠，以免讓奶貓感到疲累。

最初的第一週是奶貓熟悉新環境的期間，所以家裡一定要有人在場，幫忙在一旁安靜守候奶貓。其中最重要的是如廁訓練（64頁）要從第一天就開始做。

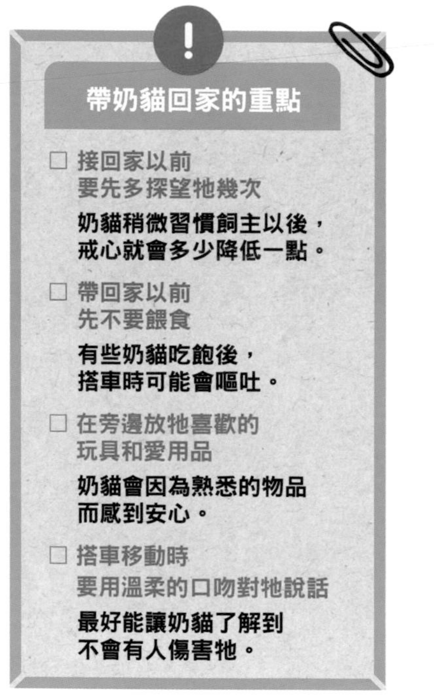

帶奶貓回家的重點

□ 接回家以前要先多探望牠幾次

奶貓稍微習慣飼主以後，戒心就會多少降低一點。

□ 帶回家以前先不要餵食

有些奶貓吃飽後，搭車時可能會嘔吐。

□ 在旁邊放牠喜歡的玩具和愛用品

奶貓會因為熟悉的物品而感到安心。

□ 搭車移動時要用溫柔的口吻對牠說話

最好能讓奶貓了解到不會有人傷害牠。

接奶貓回家第一天的流程

1 要在上午接回家

盡可能在上午就把奶貓接回家，讓牠當天就可以先熟悉家中環境，而且萬一出事也可以立刻就醫。

2 把貓從外出籠放出來，讓牠自由活動

在設置好貓咪專用空間的房間打開外出籠，等奶貓主動出來。之後，飼主在一旁守候，讓牠在房間裡探索約20～30分鐘。

3 餵食

等奶貓冷靜一點後，試著用手餵牠以前吃的同種飼料。若牠不願意吃飼主手上的飼料，就把飼料放進食盆裡觀察牠的反應。

4 讓貓排泄

奶貓出現躁動、四處徘徊的反應，就帶牠到便盆上。這時奶貓會因為身旁有人而戒備，所以飼主最好站在遠處守著牠。

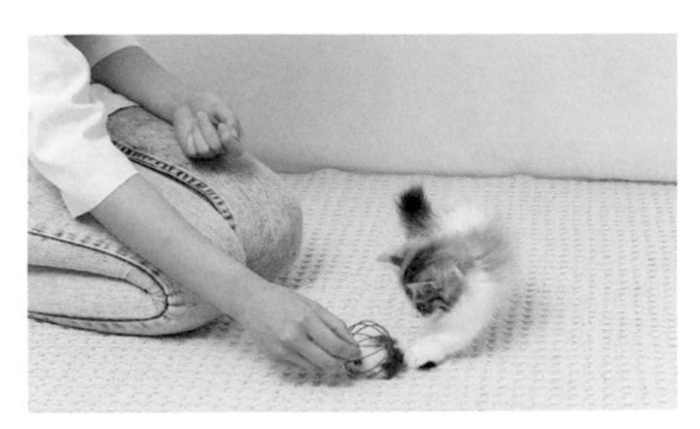

5 讓貓玩到不會累的程度

吃完飯、上完廁所後，讓奶貓稍微玩一下。在奶貓玩耍時主動靠近，可能會讓牠受驚，建議可以拿著玩具到稍遠一點的地方，讓牠看見手上的玩具，等牠自己靠近再陪牠玩。

6 讓貓午睡

如果自由活動的奶貓動作變得遲鈍、好像很睏的樣子，就帶牠到貓窩裡。當牠睡著後，就不要去打擾牠。

7 晚上也要讓貓睡在貓用空間

夜晚也睡在貓咪專用空間，但剛開始奶貓可能會因為孤單而喵喵叫。這時可以抱抱牠、摸摸牠，讓牠安心（p.69）。

能讓貓咪安心的抱抱&摸摸方法

溫柔對牠說話 輕輕撫摸牠

剛來到家裡還滿心不安的奶貓，要用撫摸的方式讓牠安心。接觸奶貓時，要用溫柔的口吻對牠說話，輕輕地觸碰牠。喜歡被摸、摸起來很舒服的部位會因貓咪而有些微的差異，可以在和貓咪接觸的過程中，找出牠偏好的部位。

首先，飼主要記住如何好好抱貓咪和撫摸貓咪。在舒適的抱抱、摸摸下成長的奶貓，才能和飼主建立信賴關係，成為喜歡和人類互動的貓咪。

貓咪抱抱練習

要用穩定的抱法
讓奶貓安心喔。

最佳抱抱法 之一

飼主坐穩，讓奶貓坐在自己大腿上。單手扶住牠的胸口，從下方支撐牠的身體，另一手則是輕撫牠的後腦勺到背部。

最佳抱抱法 之二

抱起奶貓，單手穿過牠的腋下抱住，另一手則是撐住牠的屁股，讓奶貓的身體蜷起來，牠才會感到安心。

這樣不行！

抱起貓咪時，如果雙手把牠的前腳往上架，會讓牠的身體伸長、變得不穩定，貓咪可能會開始掙扎，要多加小心。尤其是用這種方法抱還不熟悉你的成貓，更有可能讓牠劇烈掙扎，千萬別這麼做。

抱成貓時要注意這些事！

□別在貓咪還不習慣時勉強抱牠

貓咪只有對值得信賴的人，才會願意放心讓人抱。要等貓咪自己靠過來，摸摸牠或者拿玩具跟牠玩，等牠已經習慣你以後，再把牠抱上自己的大腿。不過有些貓本來就討厭抱抱，這時就不要勉強牠。

□不要摸牠討厭被摸的地方

不要去摸嘴巴、手腳、尾巴等貓咪排斥被觸碰的身體末端部位。也不要像母貓叼小貓一樣捏住成貓的脖根提起來，或是抓住牠的腳吊起來。

□當牠猛烈甩尾巴時就放牠下去

抱起貓咪時，如果牠的尾巴猛烈甩動，或是發出呻吟，就代表牠覺得很煩。這時要立刻放牠下去。

來熟練貓咪感到舒服的撫摸方法吧。

貓咪摸摸練習

最佳摸摸法 之一

基本上要用指尖溫柔地輕搔貓咪的喉嚨下方和頭頂。稱讚貓咪時，也一樣用這種撫摸方法，同時對牠說「你好乖喔」。

最佳摸摸法 之二

抱起奶貓撫摸時，抱法是要讓牠坐在自己大腿上、穩定牠的身體，奶貓就會感到安心。撫摸時，手要順著毛流慢慢滑過去，這樣牠就會覺得像是被母貓舔舐一樣安心，也能充分放鬆。讓奶貓的身體蜷起來，牠就會感到安心。

讓貓咪習慣身體接觸的接觸訓練

讓貓咪不排斥保養和就診才能得到幫助

接觸訓練的目的，是讓貓咪可以心平氣和地讓其他人觸摸身體的各個部位。最好在貓咪出生後三週～三個月之間的社會化（82頁）時期多做幾次，讓貓咪充分習慣肢體接觸，有助於日常保養和上醫院就診。此外，貓咪在奶貓時期充分做好接觸訓練，與飼主有良好的身體接觸，長大後才會信賴飼主，也比較容易習慣飼主以外的陌生人。

接觸訓練的流程

這是觸摸順序的其中一個範例。在貓咪不排斥的前提下改變順序也沒問題。

1 脖子

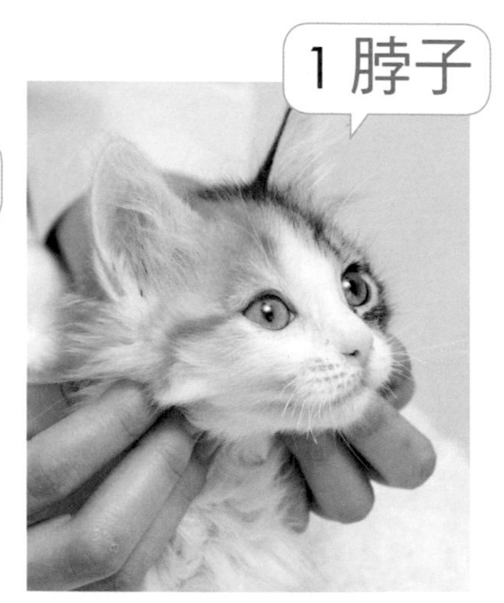

把貓咪抱到大腿上安置好，撫摸脖子四周和下巴下方（參照p.59的撫摸方法）。

2 耳朵

用手指夾住貓咪耳朵，從耳根摸到耳尖。也可以試著把手指伸到耳洞附近。

3鼻嘴（吻部）

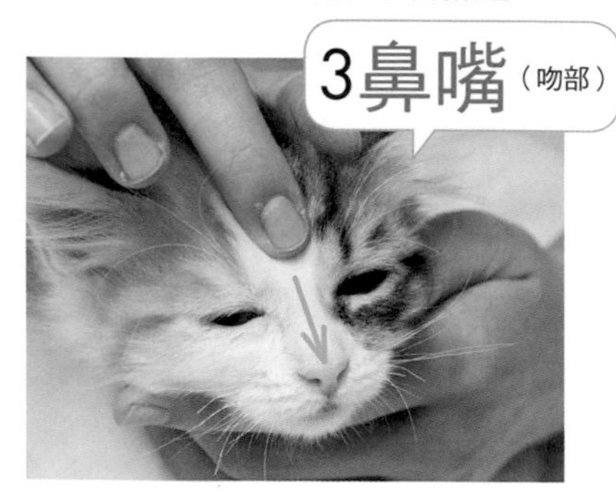

單手扶住奶貓的下巴輕輕壓住，另一手在鼻尖和額頭之間的鼻嘴（吻部），朝鼻尖方向輕撫下去。很多貓咪都討厭被摸這裡，所以最好趁早讓牠習慣。

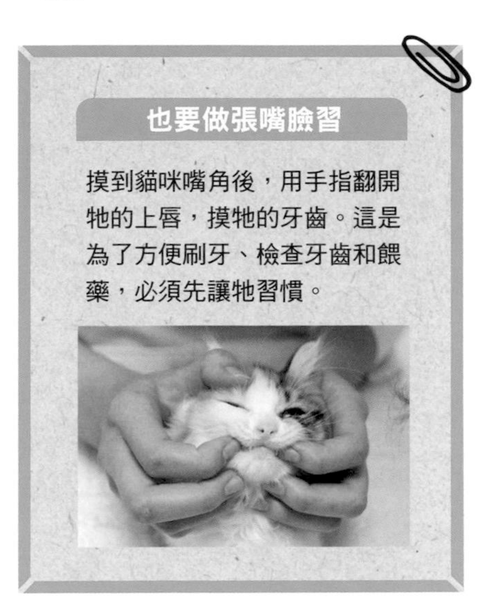

也要做張嘴臉習

摸到貓咪嘴角後，用手指翻開牠的上唇，摸牠的牙齒。這是為了方便刷牙、檢查牙齒和餵藥，必須先讓牠習慣。

4 鼻尖

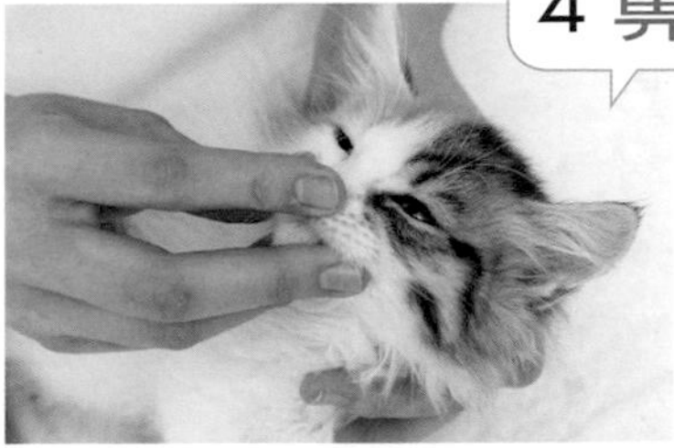

雙手包住貓咪的臉，用指尖溫柔地觸摸奶貓的鼻尖。

5 嘴角

雙手夾住貓咪的臉，慢慢摸到嘴角。讓牠舔手指也沒問題。

6 腳

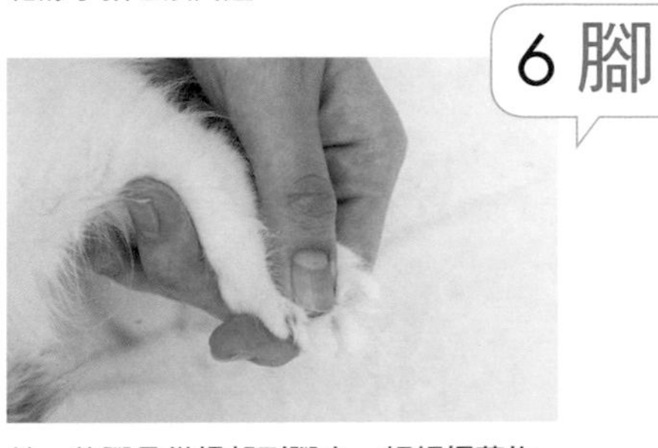

前、後腳是從根部到腳尖，輕輕握著撫摸。每根趾頭、爪子和肉墊都要摸到。

7 背部

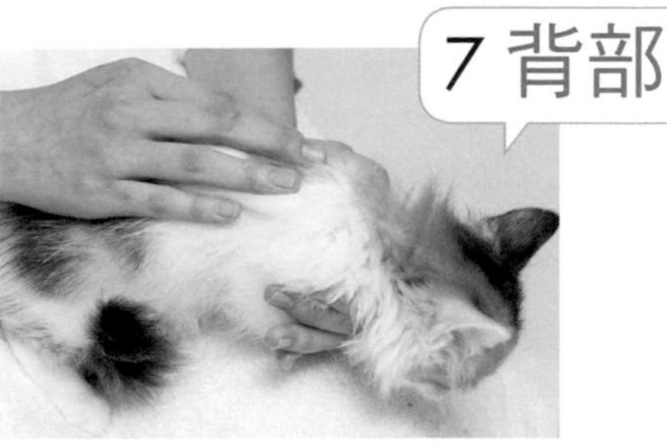

將雙手貼在貓咪背部，順著毛流慢慢往下摸。

8 胸口～腹部

單手抱住奶貓、抬起牠的身體，手掌貼著牠的胸口～腹部撫摸。

9 尾巴

手握住尾巴，從根部朝末端往下摸。很多貓都討厭被摸這裡，所以最好趁早讓牠習慣。

適合奶貓的餵食方法

不要突然變更飲食內容

迎接奶貓回家時，要先向寵物店、繁殖戶或原飼主等原本的負責照顧者，確認奶貓吃的飼料種類、一日分量與進食次數。

如果突然變更奶貓的飲食內容，可能會導致牠的健康狀況惡化。因此在變更飼料時，基本上要花一週左右的時間來替換。

更換飼料以後，要以奶貓用的優質綜合營養飼料（參照134頁）為基本。奶貓的成長速度很快，所以飼料分量要配合牠的體重不斷增加（分量參照139頁）。

替換飼料的基準

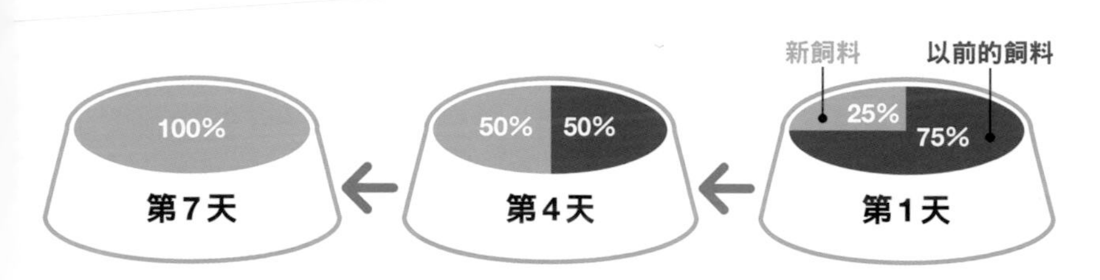

餵食的重點

1 要選在可以安穩進食的地方

把奶貓專用的食盆，設置在不易被人看見的安穩場所。餵食時間要比照以前辦理。

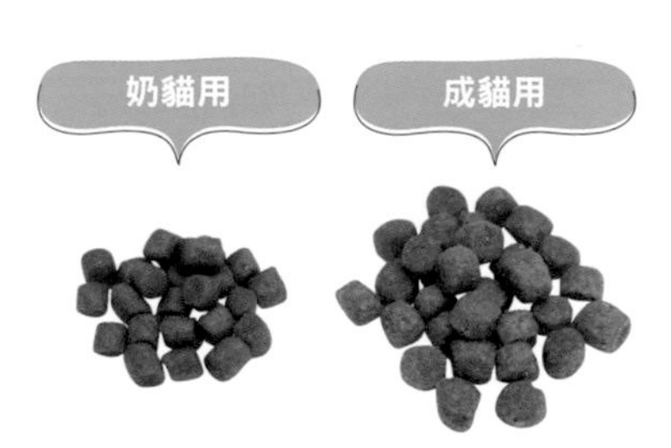

2 選擇奶貓專用飼料

食物要以奶貓用的綜合營養飼料為主食。成貓的飼料顆粒較大，營養成分也不同。如果發現奶貓似乎不易吃進去，一開始可以先用水泡軟再給牠（參照下一頁欄內說明）。千萬不可以餵奶貓吃人類的食物。

奶貓時期的食物變化

剛出生～四週左右

● 母乳、貓奶粉

奶貓在出生滿4週以前，都需要喝母貓的母乳。如果是沒有母貓的棄貓，可以用貓用奶瓶泡貓奶粉餵食（p.75）。

▼

四～八週左右

● 離乳食品

可以餵食市售的離乳食品，或是用溫水或貓奶粉泡軟的乾飼料。剛開始水分要多一點，接著再慢慢減少。

▶

離乳食用滴管
水分多的流質離乳食品，可用貓用針筒或滴管餵食。

▼

八週～一歲左右

● 奶貓用飼料

離乳食時期結束後，到大約1歲以前，要餵食富含成長所需的蛋白質、維生素、礦物質的奶貓專用飼料。

3 分成少量多次餵食

奶貓的消化系統尚未發育完成，如果一次吃太多，可能會導致腹瀉或身體不適。剛開始可以將1日份的飼料分成4～5次、少量餵食（參照p.138）。

4 在固定時間設置食盆

等奶貓吃了一陣子後，如果盆子裡還有吃剩的飼料，也照樣收走。長時間放置的飼料可能會氧化，而且貓也不會願意吃。

5 讓奶貓儘情喝水

在食盆附近要放水盆，讓貓隨時都可以儘情喝水。也可以用寵物飲水機，避免打翻。

關於食物的分量和型態可參照p.134～139

貓咪回家後馬上就要做如廁訓練

在貓咪可以安心的場所設置舒適的廁所

貓有自己的堅持，戒心強，如果沒有能令牠安心的地方和喜歡的便盆就不願意上廁所。決定養貓後，最重要的是慎選便盆和貓砂，設置在貓咪能安心的場所。

決定好便盆的位置以後，就儘量不要再更動。貓是討厭變化的動物，如果非得要移動便盆，就要在貓咪沒有察覺的情況下，一點一點挪動位置。此外，貓咪很愛乾淨，所以便盆要常保清潔。只要是舒適的便盆，貓咪應該就不會拉得到處都是了。

挑選廁所用品

貓砂

貓砂有種類之分，價格也不盡相同。每隻貓咪的喜好都不一樣，所以要先讓牠試用看看，若是不喜歡再更換。

● 紙製

紙會因為尿液而變硬，清理輕鬆，而且也有除臭效果，可倒進馬桶沖掉，質地輕所以容易撒出。

● 木製

除臭力與吸水性很好，質地輕盈很容易撒出，吸收尿液後會變成粉狀。

● 豆渣製

尿液的吸收力極佳，容易變硬，有適度的重量，不易潑撒。會散發特殊的氣味，貓咪可能會排斥。

● 皂土製

天然礦物磨粉製成。除臭力、吸水性都很好，但是相當笨重，搬運不便，價格也偏高。

便盆

便盆又分為鋪貓砂使用的箱型、有屋頂的全罩式等多種類型。除此之外，還有可同時鋪寵物尿墊和貓砂的雙層抽屜式便盆，每週只需要清理一次即可，很受歡迎。

● 箱型

款式小巧輕便。也可以用較深的托盤當替代品。

● 全罩式

四周封閉，貓砂不易撒出去，貓咪也能放心排泄。

● 雙層式（抽屜式便盆）

尿量吸收力很高，1隻貓的話只要每週清理更換一次即可，非常省事。

貓咪如廁訓練的基本

1 不要忽略奶貓的排泄暗示！

當奶貓出現「四處排徊」、「一直聞室內各處或地板的氣味」等反應時，很有可能就是想要上廁所。

2 帶奶貓去便盆

帶奶貓到設置便盆的地方，把牠放在便盆（貓砂）上，然後走遠一點觀察牠的狀況。

別在旁邊盯著看

要是飼主或家人在旁邊盯著看，貓咪可能無法安心好好上廁所。一開始要先躲起來別讓貓咪看見，偷偷觀察牠。

3 順利上完廁所後要稱讚牠

奶貓順利排泄，就要稱讚牠「你做得好棒喔」並且溫柔撫摸牠。

失敗的情況

如果貓咪拉在便盆外面，牠會因為那裡沾到氣味而誤以為那個位置就是廁所，所以一定要仔細清潔乾淨。就算貓咪如廁失敗，也千萬不要打罵牠！這樣會讓貓咪感到害怕，反而愈來愈學不會上廁所。

4 排泄後要清理便盆

在貓咪排泄完畢後要儘快清理，這是為了愛乾淨的貓咪著想，同時也是避免散發異味。用貓砂專用的鏟子將排泄的部分鏟起來丟掉，再補上一些新的貓砂。

怎麼處理異味？

在便盆裡的貓砂和周圍噴上除臭噴霧，就可以輕易除臭。也可以在便盆附近放置竹炭或木炭等會吸收氣味的用品。另外也要注意通風，避免氣味悶住無法消散。

多隻飼養時

貓咪的地盤意識很強，討厭其他貓咪用過的便盆。如果要飼養兩隻以上，便盆就要依貓的數量分別準備，避免共用。

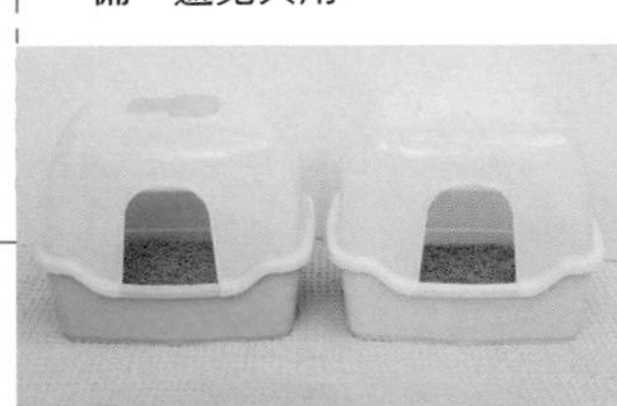

便盆應該放哪裡？

為了讓貓咪能慢慢排泄，便盆最好放在房間的角落、洗衣間等不太會被人看見的安靜場所。要避免設置在客廳、玄關這些會有人頻繁進出的地方。

讓貓咪儘情磨爪到滿足為止

磨爪是貓咪的本能要為牠打造可以隨意磨爪的環境

貓經常磨爪子，這是貓咪的本能。原本是掠食動物的貓在狩獵時，會活用牠的爪子。因此只要爪子稍微長了一點，就會磨爪子來保養，以便隨時可以伸出全新的尖銳爪子。而貓咪前腳底有個會散發特殊氣味的器官，叫作臭腺，牠會用這裡到處沾染氣味，這個舉動也有宣示地盤的意義。

此外，磨爪對貓來說是一種紓壓方式，所以要為牠布置一個可以儘情磨爪到滿足為止的場所。

來尋找貓咪中意的磨爪板吧

磨爪板的材質和擺放方式因貓咪的喜好而異。
貓咪不願使用磨爪板時，可試著立在牆上，或是換成其他材質。
老舊的磨爪板沒辦法勾住貓爪，這時就要替換成新的。

● 貓屋型

磨爪板設在貓咪最喜歡的陰暗狹窄的箱子裡，可以放鬆儘情磨爪子。

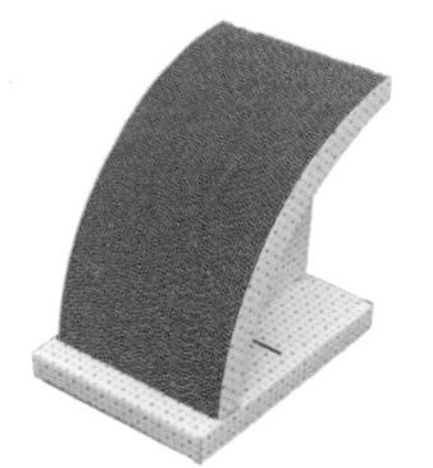

● 直立型

有拱型和垂直型。貓咪可以站起來伸展身體磨爪，相當受歡迎。

● 標準型

平放地板上使用。材質有瓦楞紙板、地毯等許多種類，依貓咪的喜好挑選。

有些貓喜歡站起來磨爪

不少貓咪都喜歡站著磨爪子。若是將磨爪板直立靠牆擺放時，高度要配合貓咪的身體。

有些還會將一部分柱子做成磨爪板的貓跳台。

磨爪對貓咪的意義

① 保養爪子

貓是狩獵動物，現代的貓依然傳承了保養爪子的本能。

② 紓解壓力

貓在不安或是覺得不爽的時候，
經常會嘎吱嘎吱地磨爪子。

③ 做記號

貓會將腳底臭腺分泌的氣味沾上去。

磨爪的訓練基本

奶貓到家第一天，就開始訓練牠用磨爪板磨爪子。有些貓咪只要有磨爪板就會自己去磨，但也有些貓對磨爪板絲毫不感興趣。如果是後者，就把牠帶到磨爪板旁，試著把牠的前腳放到磨爪板上。要是貓咪順利磨了爪子，記得要稱讚牠。

1 把奶貓的前腳放到磨爪板上

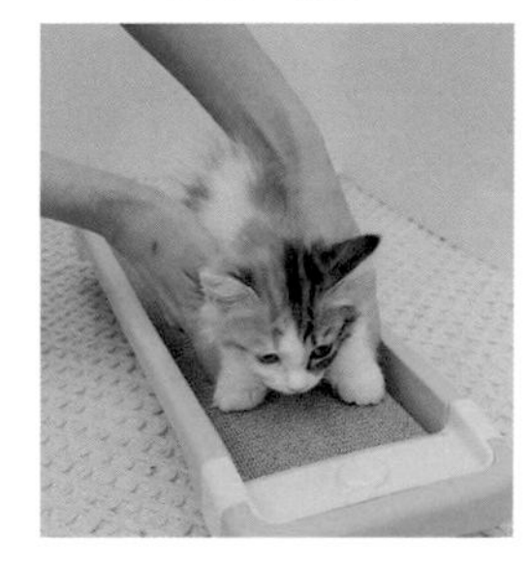

把奶貓的前腳放到磨爪板上，讓牠觸碰看看。只要磨爪板上沾到牠的肉墊氣味，牠就會養成在那裡磨爪的習慣。當奶貓出現想抓家具的反應時，就立刻把牠帶到磨爪板上。

2 也可以嘗試直立式磨爪

如果貓咪無法用平放在地上的磨爪板成功磨爪，也可以將磨爪板立在牆上讓牠試試看。如果這樣還是不行，那就換成不同材質的磨爪板。

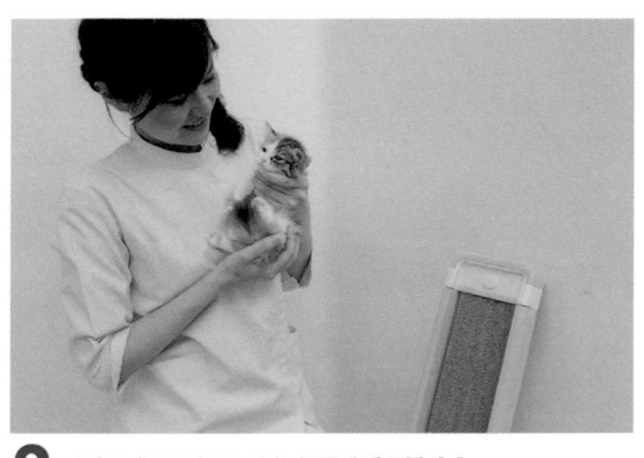

3 磨完爪子後要稱讚牠

奶貓成功磨爪後，要記得稱讚牠。這樣反覆下來，牠就會養成用磨爪板磨爪的習慣了。

也可以嘗試木天蓼

可以在磨爪板上撒一點貓咪喜歡的木天蓼粉，引誘奶貓去磨爪。有些磨爪板會附贈木天蓼，在寵物店就能買到。

貓咪在牆壁、家具、地毯上磨爪時的應對方法可參照p.186

讓貓咪快樂玩耍、香甜熟睡的習慣

飼主也要經常陪貓咪一起玩

奶貓原本會和牠的兄弟姊妹在玩鬧的過程中，慢慢學習牙齒和爪子的用法、體會到被咬的痛楚。而玩耍對貓咪來說不只是有趣，也是一種良好的刺激，可以更加豐富牠的生活。

尤其是在室內單隻飼養的貓，必須多讓牠玩耍，以免運動不足。飼主要代替牠的兄弟姊妹，經常陪牠一起玩。不過，奶貓很容易累、專注力無法持續太久，每次只要短時間玩一下就好。一天內就陪牠多玩幾次吧。

讓奶貓玩耍的方式

1 用玩具玩耍

貓用玩具的種類五花八門，可以多方嘗試、找出貓咪喜歡的玩具。有些貓咪會玩的不是玩具，而是紙袋、報紙等身邊常見的物品。

2 和飼主玩耍

飼主也要安排時間陪奶貓玩耍。不過剛開始若是由飼主主動靠近，貓咪可能會害怕，因此可以待在稍微遠一點的地方，讓貓咪看見自己手上的玩具，引誘牠過來。

3 室內探索

讓奶貓自由在室內探險，讓牠及早習慣新環境。讓貓咪接觸各式各樣的事物也有很好的社會化（p.82）效果。

布置一個能讓貓咪充分熟睡的舒適場所

貓咪有大半天都在睡覺，成貓一天要睡十四～十五個小時，奶貓一天則要睡到二十個小時以上。因此，先幫牠確保一個舒適的睡眠場所是非常重要的事。

而且，貓是夜行性動物。為了讓牠配合飼主夜晚入睡、早晨起床的生活步調，餵食的時間最好要有規律。

貓咪睡覺時不要吵醒牠

即使奶貓在貓窩以外的地方開始昏昏欲睡，也不要吵醒牠，讓牠直接睡著吧，不必特地把牠抱到貓窩。但要小心別一不留神踩到正在睡覺的奶貓。

貓咪夜嚎時要安撫牠

出生還未滿6個月的奶貓，會在家裡的人都睡著後，感到寂寞而開始叫著尋找自己的父母。這時要抱抱牠、摸摸牠讓牠安心。如果是冬天，用貓用電暖器或毛毯幫奶貓保暖，牠也會比較安穩。

Q 奶貓睡覺時應該要保持安靜嗎？

A 貓只要一入睡，再吵雜的地方也能繼續睡。只要不是用力關門這類突發性的巨大聲響，單純的電視或其他生活噪音大多沒有問題。

Q 從什麼時候開始可以跟貓咪一起睡？

A 雖然依飼主的睡相而定，不過最好還是在貓咪可自行任意活動以後。貓咪出生滿4個月，體格才足夠強壯。如果貓咪討厭跟人一起睡覺就不要勉強牠。

Q 貓咪在高處睡覺也不會掉下來嗎？

A 貓在櫃子或圍牆上這類又高又窄的地方也能保持平衡入睡。雖然牠可能會因為某些狀況而掉落，但牠可以運用出色的平衡感，在一瞬間翻轉身體、用腳成功落地。

讓貓咪看家時

只要環境整頓妥當 讓貓咪看家一晚也OK

貓咪還小時，家裡一定要有人在，避免單獨留奶貓看家。已經習慣家中生活的成貓，單獨看家一晚也沒關係。貓咪的一天有大多時間都在睡覺，即使飼主外出時，睡眠時間應該也一樣長。

飼主出門前要做好準備，以免貓咪挨餓、把便盆弄得髒兮兮，整頓好貓咪可以舒適起居、不會發生意外的環境。不過，還在斷奶期、有宿疾或是上了年紀的高齡貓，都不要單獨留在家中，一定要拜託別人幫忙照顧。

看家的重點

如果是看家1天，要做好充分準備

飼料和水要多放一些，便盆多放一個備用。
室溫要調節成貓咪可以舒適起居的溫度。
屋內要整理好，擋住所有不想讓貓進去的地方，
並打開貓咪起居的房間門口。

準備的注意事項！

水

慎重起見，最好在多個地方放置裝滿水的水盆。也可以使用會流動循環新鮮飲用水的機器。

飼料

要多準備一些長時間擺放也不會腐敗的乾糧。如果能用會定時放出飼料的自動餵食器，會更加方便。

室溫

室溫以人類感到舒適的溫度為基準。必要時，夏天要開冷氣，冬天則是打開貓用電暖器或寵物用電熱毯。

便盆

便盆要是髒了，貓咪可能會忍著不上廁所，或是在便盆外的地方排泄。建議多準備一個備用便盆，或是有自動清潔功能的便盆，會比較放心。

貓咪看家的便利用品

自動飲水器

5公升的大容量。採用活性炭濾芯，讓貓隨時都能喝到新鮮的水，預防體內結石。

自動餵食器

餵食器的蓋子會依定時器設定的時間打開，裡面可放入一餐最多200g的乾飼料。

自動便盆

當貓一排泄完，就會自動清潔。如果是家裡單獨飼養一隻貓，只要幾週更換一次貓砂盤即可。

如果是看家2天以上，要拜託別人幫忙照顧

貓咪看家2天以上時，最好請人協助。可以請友人或寵物保母來家中，或是送到寵物旅館、可收容寵物住宿的醫院。若是請託人來家中照顧，記得要先和對方商量具體作法。

只是幾天不見，貓咪就變得好冷淡

有些貓會飼主外出幾天回來後，露出警戒的反應；或是從寵物旅館回家後，因為壓力太大而害怕飼主。
讓貓咪看完家以後，記得要溫柔地抱抱牠，用心和牠互動，安撫牠的情緒、讓牠知道已經沒事了。如果貓咪因為壓力而拉肚子或是健康狀況不佳，都需要及早就醫諮詢。

寵物保母

優點	貓可以在平常的環境下生活。
缺點	不適合抗拒外人進入家裡的飼主。需要先花工夫準備飼料、貓砂等外出時必備的物品。
注意事項	●要先請保母來觀摹貓咪平常的樣子、照顧貓咪進食和如廁的方法。 ●要決定保母一天來訪的次數和時間。

寵物旅館

優點	只要帶貓咪過去托付給旅館就好，不需要事前準備。
缺點	貓咪會在不熟悉的環境生活，身體狀況可能會變差、產生壓力。
注意事項	●事先參觀，確認貓咪的居住環境、服務內容和收費方式。 ●需要先完成預防接種和防蟎措施。也可以讓貓咪寄住在醫院。

撫養剛出生的奶貓

照顧家中貓咪生下的奶貓

飼主要當母貓的助理

家裡養的貓生下小貓，是一件非常值得高興的事。但是，在照顧剛分娩完畢、耗盡體力的母貓和剛出生毫無防備的奶貓時，需要顧慮到很多事情。

不過，實際哺育奶貓的仍然是母貓。盡可能讓母貓在沒有壓力的狀態下育兒，並且布置出舒適的環境、守護奶貓健康成長，這才是飼主的主要工作。

產後貓咪親子的照顧方法

對待方式

有些母貓生產後情緒會變得激動，發現有人摸奶貓就會激發攻擊性，甚至想把奶貓藏起來不讓任何人觸碰。在母貓穩定下來之前先別隨意接觸，靜靜觀望就好。

安身之處

將母貓和新生的奶貓安置在籠子或紙箱、托盤裡，讓牠們待在安靜的地方。整體要鋪滿寵物尿墊，用來吸收奶貓的排泄物，弄髒了就要馬上更換。

母貓的照護

要給在分娩中消耗了體力的母貓喝溫水沖泡的貓用奶粉，補充營養。哺乳時，要提供母貓比平常分量更多的食物。

關於懷孕母貓的注意事項可參照p.175

奶貓的成長過程

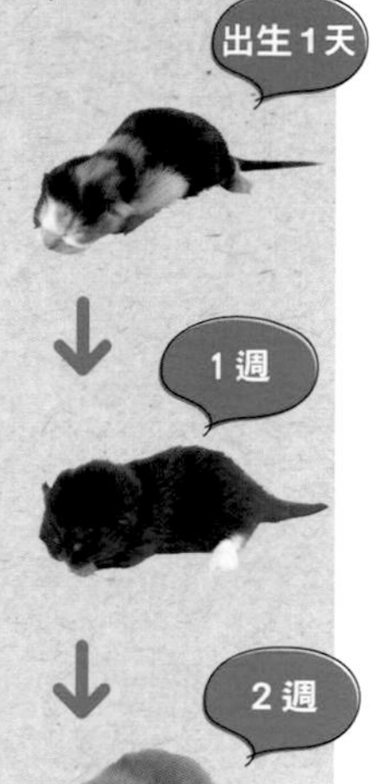

●**體重100～120g**

眼睛尚未睜開，耳朵也幾乎聽不見。只能靠嗅覺和前腳的力氣尋找母貓的乳房、吸到乳頭。

●**體重200～250g**

會用前腳踩母貓的乳房來喝母乳。重複吃奶→排泄→睡眠的過程。

●**體重250～300g**

眼睛逐漸睜開，步伐愈來愈穩，牙齒會開始生長，耳朵也開始聽得見等等，出現明顯的成長跡象。

●**體重約500g**

露出的爪子開始往內收。能夠吃糊狀的離乳食品。

●**體重500～700g**

乳牙長得愈來愈齊全。奶貓之間會開始玩鬧，開始學吃離乳食品和奶貓專用飼料。

●**體重700～1000g**

好奇心旺盛，愛調皮搗蛋。這時正值接種綜合疫苗（p.156）的時期。

●**體重1000～1500g**

開始長出恆齒，此時會逐漸顯現每隻貓的性格和特性。6個月大以後，會脫離母貓完全獨立。

需要飼主協助的狀況

如果有體格較小的衰弱奶貓

同一隻母貓在同一時間生下的所有奶貓，在經過一段時間以後，就會出現成長差異。體格的大小差異也會愈來愈明顯，甚至有些奶貓的體格差距會在出生1個月後達到約1.5倍。在一同出生的奶貓當中，如果有奶貓在過了一陣子後仍然長得瘦小又衰弱，可以考慮由飼主接手餵食貓用奶粉、協助撫養奶貓。

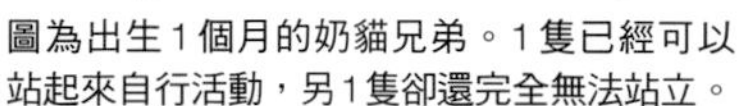

圖為出生1個月的奶貓兄弟。1隻已經可以站起來自行活動，另1隻卻還完全無法站立。

母貓沒有咬斷臍帶

在母貓分娩時，為了慎重起見，飼主要準備消毒過的剪刀、棉線、紗布、溫水。萬一母貓沒有咬斷奶貓的臍帶，就將棉線綁在距離奶貓肚臍約1㎝處，然後用剪刀剪斷靠近胎盤那一側的臍帶。接著用溫水打濕擰乾的紗布擦拭奶貓的身體，在分娩結束以前用毛巾包住母貓，以免體溫下降。

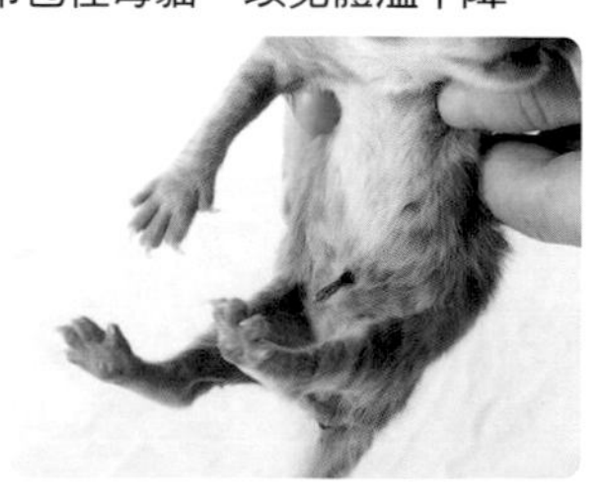

照顧沒有母貓的奶貓

代替母貓享受育兒的過程

母貓不願意養育奶貓，或是有人不小心撿到路邊剛出生的落單小貓時，就需要由人類撫養。當貓媽媽的條件，首先是要在家裡確保育兒空間，為奶貓布置一個可以模擬鑽進母貓懷裡的環境。剛開始，必須每隔兩個小時幫奶貓哺乳和排泄，代替母貓做好所有哺育工作。

撫養奶貓很花工夫又費神，非常辛苦，但相對地也能獲得很大的喜悅。請各位一定要好好體會養育奶貓的樂趣。

貓咪如廁的訓練基本

路邊撿到棄貓時要先就診

撿到流浪的貓寶寶或是被母貓拋棄的奶貓時，要用毛巾包起來、放進紙箱裡，立刻帶往獸醫院，請醫生做健康檢查、驅除蟎蟲等寄生蟲和檢查糞便。此外，若能向醫生請教餵奶、輔助排泄的方法等養育奶貓的注意事項，會比較安心。

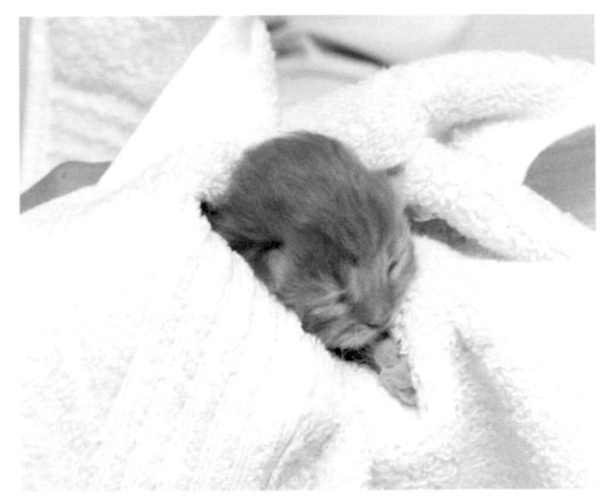

為無法自行調節體溫的奶貓保溫

出生未滿3週的奶貓還無法自行調節體溫。養在室內時，要在紙箱裡鋪毛巾或毛毯、有保護套的熱水袋或貓用電暖器，幫牠調節溫度。熱水袋裡的熱水溫度，要以母貓體溫的38度左右為準。往返獸醫院時，也要注意移動過程中的冷熱溫度。

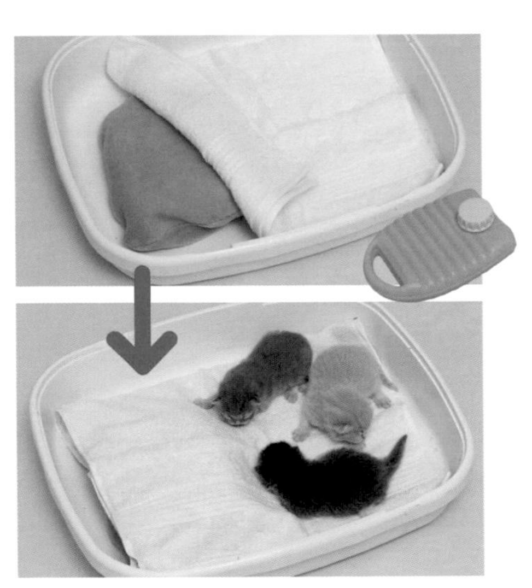

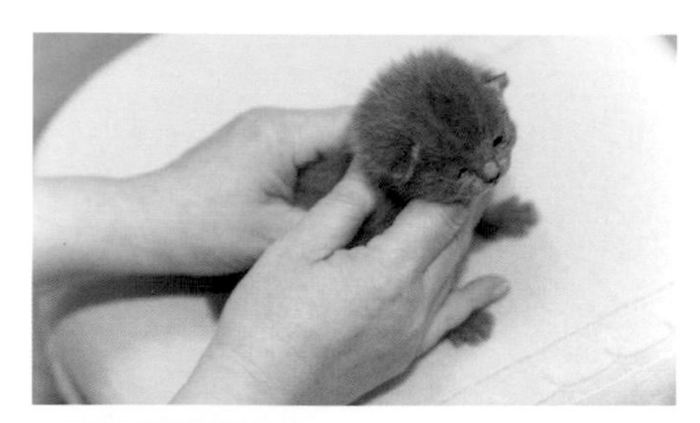

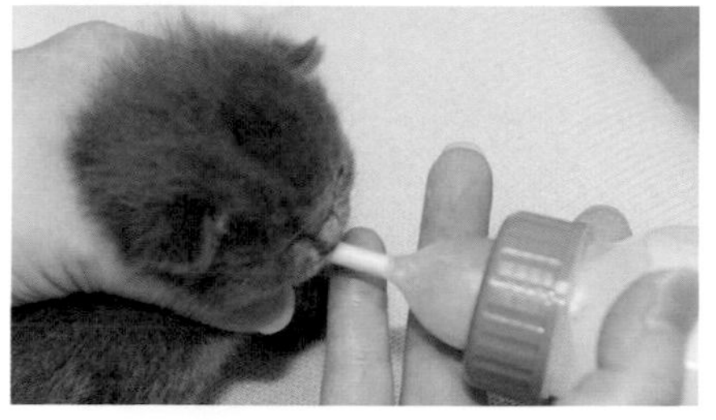

剛出生的奶貓要每隔2小時餵一次奶

餵奶時，讓奶貓採取吸母貓乳房一樣的姿勢（趴伏狀態），將奶瓶的奶嘴插進口腔裡讓牠吸。剛出生的奶貓每隔2個小時一次、每次餵3～5mℓ；等貓咪重達250g後，再改成每次餵6～8mℓ、一天餵5～6次。

出生第4週開始學吃離乳食品

奶貓出生滿4週後，除了奶粉以外，也要提供泡軟的飼料、讓牠開始斷奶（參照p.62～63和第6章）。剛開始也可以將泡開的奶粉和離乳食品混在一起餵食。等奶貓滿8週以後，就改成只提供離乳食品，並給予充足的飲用水。

奶粉要選擇奶貓專用

準備奶貓用奶粉和貓用奶瓶（附細長末端的奶嘴）。餵奶時，要將泡開的奶粉調整到約38度。人用的奶粉可能會害小貓拉肚子，千萬不要使用。

刺激肛門周圍促進排泄

奶貓還無法自行排泄，母貓會舔奶貓的肛門周圍、刺激排泄。改由飼主做時，用沾溫水的紗布或棉花刺激奶貓的肛門周圍。奶貓排出糞便或尿液後，再幫牠擦乾淨，等牠出生滿2個月後再開始做如廁訓練。

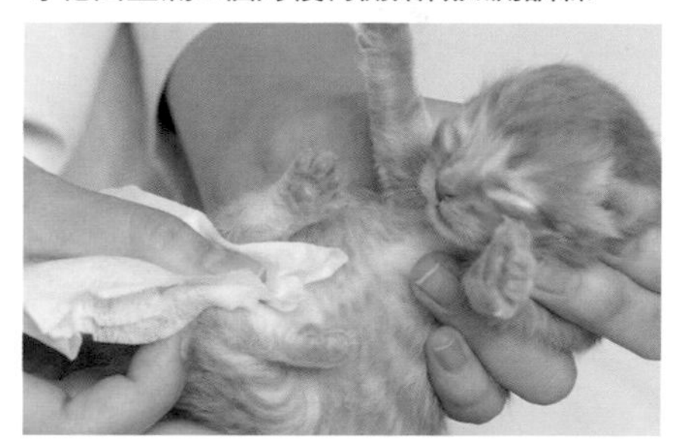

量體重以確認成長幅度

如果奶貓有好好喝奶、順利長大的話，體重就會逐漸增加。建議每天幫奶貓量體重確認。使用以1g為單位的廚房用電子秤，會比較容易掌握輕微的體重變化。

COLUMN

放養貓二三事

以前，有些家庭會讓貓咪任意外出，放養室外；但現在放養貓會面臨很多危險。為降低貓咪遭受意外和染病，建議完全養在室內較佳。貓咪只要習慣自己的領域後就能安心待在室內，可是流浪貓即使在領養後依然會想出門，這時飼主只要設法讓牠不會在室內感到壓力即可。建議可以在屋內設置貓跳台，讓貓咪上下運動，或是布置能任意奔跑的空間、準備可以追著玩的玩具。此外，飼主安排時間陪貓咪玩耍也非常重要。

室外貓和室內貓，有壽命的差別嗎？

以前，貓的平均壽命大約是10歲左右，不過隨著醫療技術、藥物和食物品質的提升，現在的貓咪平均壽命已經增加到了15～16歲了。這也是建議室內飼養的一大主因。

另一方面，室外貓的平均壽命推測只有5～7歲左右。戶外不僅要承受交通事故、傳染病的風險，即便是有項圈的貓，也可能被人送到收容所，還要面臨被狗襲擊、貓咪之間打架等危險。如果想要避免這些事、期望貓咪健康長壽的話，最好還是安全地養在室內吧。

放養貓咪的風險

交通事故

現在是汽車動力化的社會，貓咪的交通事故也屢見不鮮。除了貓咪衝到馬路上出車禍以外，也可能會因為躲在停車場的車輛底下而遭到輾傷。

傳染病和蟎蟲

家貓可能會與未預防接種疫苗的流浪貓打架接觸，有被傳染疾病的危險。外出的貓咪很容易沾到棲息在草叢等地的蟎蟲。

走失

貓咪可能會玩得太入迷，或是在探險的過程中走到陌生的地方，結果回不了家。

虐待

近年經常發生不肖人士傷害動物或刻意下毒的事件。家貓往往很容易親近人，可能會毫無戒心地靠近有虐待動物傾向的人。

3章

和貓咪溝通無障礙

當個討貓咪喜歡的飼主

原則是「不做貓咪排斥的事」！

人要和貓咪舒適地同居，最重要的是建立互信關係。再怎麼愛撒嬌的貓，也會有想要獨自悠閒的時候，這時如果去吵牠，可能反而會被貓咪討厭。和人類之間的相處模式一樣，重點是和貓咪保持適當的距離。

首先，要了解貓咪討厭和排斥的事物，然後做到「不做貓咪排斥的事」，才是討貓咪喜歡的捷徑。

貓咪討厭的NG行為

死纏爛打

貓咪原本就不喜歡身體被觸碰。尤其是在貓咪用叫聲或尾巴動作表達出自己的不滿時，就不要再繼續糾纏牠了（參照p.99～101）。

突然做出迅速的動作

貓咪也很討厭看到四周的靜物突然動起來或是迅速移動，會以為是有敵人要襲擊自己，讓牠感覺到有生命危險。

發出巨大的聲響

貓的聽覺十分發達，對聲音很敏感。要是突然發出巨大的聲響，牠就會提高戒心或受到驚嚇，所以要注意噪音。

無視貓咪的反應

當貓咪對人類耍脾氣或是喵喵叫時，可能是有什麼要求，這時一定要記得回應牠。只要重複幾次這樣的互動，就能為彼此建立信賴關係。

對貓丟東西、揮舞棒狀物

貓會害怕具有攻擊性動向的物體。千萬不要在貓咪面前做出會讓牠恐懼的舉動。

飼主在貓咪眼中是什麼？

對大多數的貓咪而言，飼主應該是很接近父母的存在，會保護自己、給自己食物。有些貓咪可能會認為飼主是願意包容自己的同居人或同胞，並不像狗一樣會把飼主當成是「主人」。

與貓溝通交流的Q&A

Q1 貓咪舔飼主的眼淚是因為感同身受嗎？

A 因為舔眼淚代表有好事發生。

可能是因為以前貓咪曾經用理毛的心態舔過飼主的眼淚，結果卻得到獎賞（讚美、被撫摸等等）。這並不意味著牠能感受到飼主的悲傷，或許只是因為學到舔飼主的眼淚會有好事發生。

Q2 可以幫貓「拍屁屁」嗎？

A 可以，沒有關係。

幫貓咪「拍屁屁」按摩，牠的屁股就會翹高，這是將尾巴的臭腺抬起、和同類確認氣味的行為。在發情期，這個舉動會刺激貓咪的性慾，在發情期之外，如果貓咪喜歡拍屁屁就儘量幫牠拍沒關係。

很多貓都喜歡輕拍腰部兩側的「拍屁屁」動作。

Q3 貓咪咬來老鼠或昆蟲是代表「謝禮」的意思嗎？

A 是想展示給喜歡的人看。

與其說是給飼主的謝禮，更正確來說是貓咪想給自己喜歡的人看。就像小孩子在說「你看你看！」的感覺。捕捉生物是貓的本能，所以千萬不要在看見貓咪捉來的獵物時責罵牠。

Q4 為什麼貓會在兩人吵架時進來打岔？

A 因為牠學到只要叫出聲音，人們就不會吵了。

貓咪以前可能經驗過只要感覺到不同於平常的緊張氣氛、因不安而叫出聲的話，爭執就會緩和下來回歸平靜。貓咪知道自己一叫就能得到好結果，才會在相同的狀況下喵喵叫。

Q5 為什麼貓會把額頭抵在飼主的身上睡覺？

A 因為這樣可以安心入睡。

對貓而言，飼主就像是母貓一樣，所以即使自己已經長大了，靠在飼主的身上還是會感到安心。有些貓也會把手跨在飼主身體的某一個部位入睡。

10 貓咪喜歡飼主的個暗示

會過來舔臉

就和貓咪會互相理毛一樣，這是對最愛的飼主表達自己的愛。

會跳上大腿

貓咪跳上大腿，代表牠認為那個人不會做讓牠討厭的事、相信對方值得信賴，才會想要撒嬌。

追在身後當跟屁蟲

有些貓會跟在人的身後繞來繞去，甚至像偷窺狂一樣監視對方的一舉一動。這是因為對方讓牠覺得像母親一樣，是特別的存在。

一起睡覺

這個舉動常發生在寒冷的季節。貓會靠在能讓牠安心的人身上，邊撒嬌邊舒舒服服地昏睡。

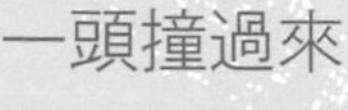

一頭撞過來

貓咪撞頭是為了將臉頰臭腺的氣味沾上去，是一種做記號的行為，屬於愛情的表情，代表牠將對方當作「自己的所有物」。

看著你的眼睛慢慢眨眼

貓會直視對方的眼睛，一般都是在準備跟敵人打架的時候。而貓咪直視眼睛並慢慢地眨眼，是牠深愛對方、感到安心的證據。

讓你隨便摸

貓基本上不喜歡被人觸碰身體和臉。但如果對方是牠當作母親一樣信任的飼主，不管被摸哪裡都不會生氣。

過來踩踏身體幫忙按摩

貓會踩踏揉捏，是從奶貓時期遺留下來的習慣。或許是因為牠和親如母貓的飼主靠在一起時，會產生返樸歸真的感覺吧。

對你露出肚皮

貓咪露肚皮，是只會在自己信賴的人面前做出的舉動，代表牠完全沒有戒心，感到十分安心。

乖乖地讓你抱

擁抱會剝奪身體的自由，所以大多數貓咪都討厭被抱，但如果是最愛的飼主給牠舒服的擁抱，貓咪就會乖乖地任人抱。

幫貓咪確實社會化！

在出生滿三個月以前讓貓咪有各種體驗

為了讓貓咪和家人一同舒適地生活，最重要的是要教牠上廁所、磨爪等基本的生活規範，以及「社會化」。貓咪在出生滿三個月以前都是「社會化的感受期」，是非常重要的時期。「社會化」的意思，就是讓貓咪對任何事物都能夠充分習慣。

舉例來說，像是觸摸腳趾縫、口腔內、尾巴、腹部等身體各個部位；與其他貓咪、動物、老人到小孩等形形色色的人接觸；習慣吸塵器等身邊的物品。此外，還有梳毛、刷牙、乖乖待在外出籠裡等等，都要讓貓咪習慣。

不過，大多數人都是在貓咪出生大約六十天後才開始飼養，剩下的社會化時期就只有一個月左右。在這段期間內，飼主必須讓貓咪習慣各式各樣的事物。充分社會化的貓，才容易信賴飼主、其他人類和動物，成為性情穩定的貓咪。

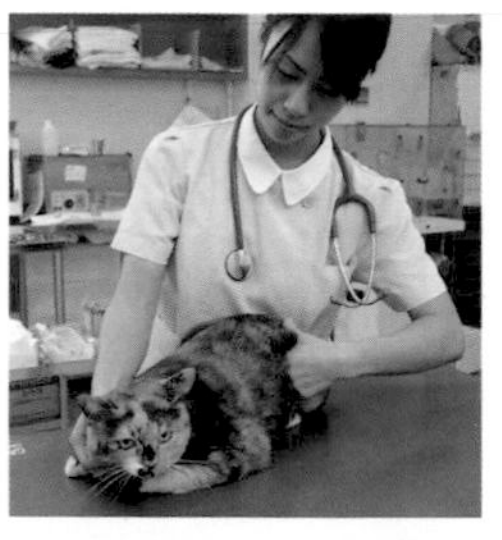

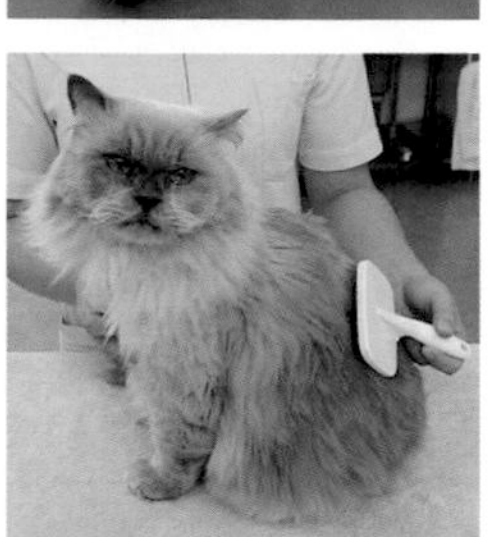

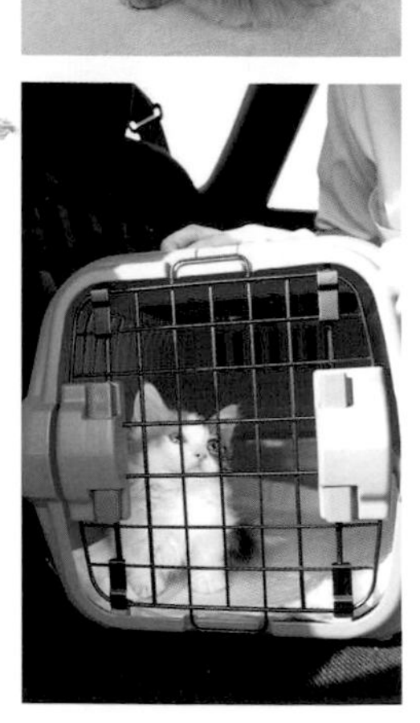

社會化訓練的內容範例

- □ 習慣原住貓（p.54）
- □ 習慣被人觸摸身體（p.60）
- □ 習慣飼主以外的人（p.84）
- □ 習慣外出籠和籠子（p.85）
- □ 習慣吸塵器（p.86）
- □ 習慣搭車移動（p.87）等等

除此之外，還有習慣刷牙、習慣看醫生等等，總之最好讓貓咪習慣生活周遭的所有事物。

訓練貓咪習慣形形色色的事物

讓貓咪在不恐懼的狀態下體驗各種事物

為了讓奶貓社會化，一接回家以後，就要馬上訓練牠習慣下一頁開始介紹的各種事物。從奶貓時期開始習慣各種事物，就不會變得膽小怕事，比較能夠親近人類。而且對飼主來說，在做理毛等保養工作時，也會樂得輕鬆。不過，雖說是要讓貓咪習慣，但千萬不能讓牠感到恐懼或抗拒。而且奶貓保持專注力的時間非常短，當牠感到煩膩時，就不要勉強牠繼續，可以找其他機會再度嘗試。

在社會化時期與母貓、兄弟姊妹一起生活也很重要

奶貓在出生後數週，跟母貓和一起出生的兄弟姊妹共同生活，對於社會化的效果會非常好。貓咪會在被母貓溫柔地舔舐、和兄弟姊妹嬉鬧的過程中，學習不害怕與其他貓咪互動。

因此，應當要避免在奶貓出生後立刻將牠帶離母貓身邊，否則會妨礙奶貓的社會化發展。

習慣飼主以外的人

貓咪在習慣人類時，需要學習了解到人類是會疼愛牠的存在。先讓牠從飼主的家人和周遭的人開始，慢慢習慣與人相處吧。之後最好也能讓牠見見男女老幼、各種職業的人、擁有各種聲音和體格的人等形形色色的人類。

1 外人（照片左邊）千萬不能突然觸摸或抱起奶貓。當外人和飼主談話時，讓奶貓在四周自由活動、習慣有外人在場的狀況。

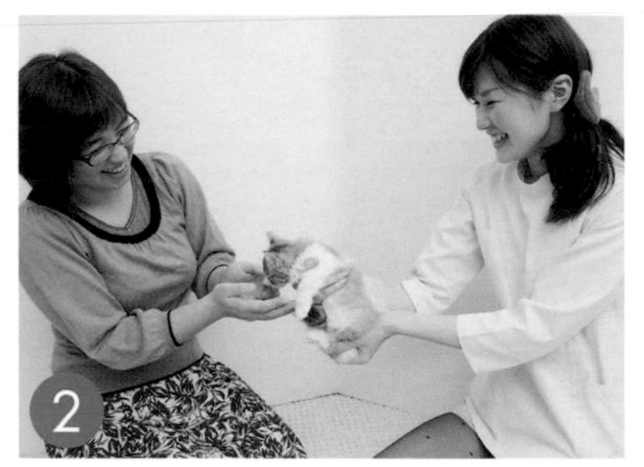

2 讓奶貓聞聞外人的氣味。剛開始可以慢慢把手伸到貓咪鼻子前面讓牠聞，等牠慢慢習慣以後，再從下面伸手輕撫貓咪的喉嚨附近。

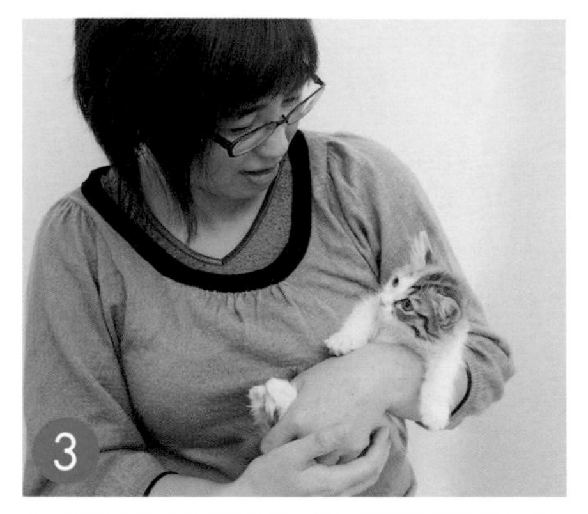

3 如果貓咪的反應很鎮定，就可以試著把牠放在大腿上或抱起來。只要飼主守在一旁，貓也會感到安心。

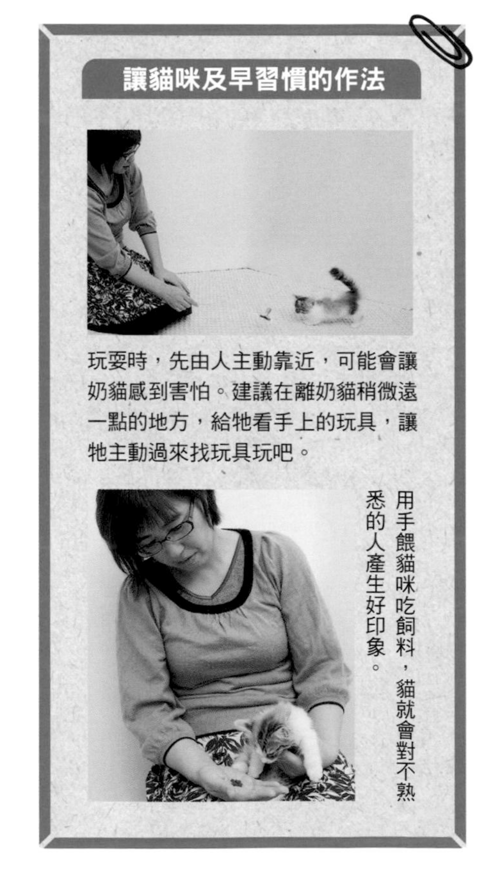

讓貓咪及早習慣的作法

玩耍時，先由人主動靠近，可能會讓奶貓感到害怕。建議在離奶貓稍微遠一點的地方，給牠看手上的玩具，讓牠主動過來找玩具玩吧。

用手餵貓咪吃飼料，貓就會對不熟悉的人產生好印象。

習慣籠子

很多人以為籠子就是用來關貓咪的，但因為貓喜歡狹小的空間，如果是足夠舒適的籠子，貓咪就能安穩地待著。即便是在室內放養，如果能讓貓咪喜歡上籠子，那會方便許多。在夜晚、飼主外出等無法留意貓咪狀況的時候，讓牠待在籠內也能防止誤吞物品或發生意外。

將籠子放在奶貓所在的房間，打開籠門，放入貓窩、便盆、水盆和玩具等物品，讓牠習慣籠子在房間裡的狀態。

當貓進入籠子裡後，先繼續開著門，讓牠在裡面待一陣子。

等貓咪穩定下來以後，再關上籠門，讓牠暫時在裡面任意活動。這樣重複幾天、等貓咪習慣後，就可以在飼主做家事時把牠放進去，讓牠每天在固定的時段在籠子裡度過。

習慣外出籠

最好能教導貓咪把外出籠當作是安穩的地方。只要貓咪習慣了外出籠，對飼主也有好處。帶貓咪去獸醫院、需要讓牠在住家以外的地方老實待著時，若牠願意進外出籠，等於是幫了大忙。

把打開的外出籠放在奶貓起居的房間裡，讓牠習慣外出籠的存在。

讓貓咪自由進出外出籠，也可以在籠內放置玩具和沾了貓咪氣味的毛巾，讓牠感到安心。

等貓可以安穩地待在裡面後，再試試關上籠門。待貓咪習慣了，也可以把貓放進外出籠、帶出門到附近散步約5分鐘。

習慣保養

最好也要讓貓咪習慣梳毛（p.117）、剪爪（p.126）和刷牙（p.127）等保養工作。要先從「觸摸訓練」（p.60）開始讓貓咪習慣身體接觸。

習慣獸醫院

如果貓咪在診療台上出現恐懼、攻擊性的反應，就會妨礙診察流程。為了避免貓咪討厭醫院，要帶牠去做健康檢查，在診療台上習慣被獸醫師和護理人員觸摸身體。診察後特別給貓咪吃獎賞用的點心，也能讓牠留下美好的記憶。

習慣家裡的物品（習慣吸塵器）

很多貓都討厭吸塵器、吹風機等會發出大音量的家電用品。趁奶貓時期讓牠習慣，之後會輕鬆許多。讓貓咪習慣最討厭的家電代表——吸塵器的方法如下。

先不要開機，讓貓咪接觸吸塵器。為了讓貓對吸塵器有好印象，可以在四周撒上大約20顆飼料，也可以在管線外面塗上貓咪喜歡的食物或點心氣味。

等貓咪習慣停機狀態的吸塵器以後，一開始先開啟最弱的模式，接著再慢慢調高強度。要小心別直接朝著貓咪推動吸塵器。

習慣新環境（搬家）

貓咪最討厭環境變化，搬家會造成牠很大的壓力。在搬家當天，要盡可能先把貓咪寄放在某處，讓牠遠離忙亂的搬家現場。此外，搬家前使用的貓窩和玩具等熟悉的物品，都要事先設置在新家，及早布置好安穩的貓用空間。貓咪在習慣新環境以前，可能會因為不安而躲避人類，所以最好也幫牠布置一個可以躲藏的地方。之後牠就會逐漸認知到新家是個安全的地方，而慢慢鎮定下來了。

搬家後，貓咪可能會有一陣子十分焦慮，在房間裡四處探索。

習慣搭車移動

為了讓貓咪可以順利前往獸醫院，需要讓牠習慣搭車移動。為了交通行車安全，一定要把貓咪放進外出籠。最好先從短程的兜風開始，讓貓咪慢慢習慣。移動時要把貓放在牠已經很熟悉的外出籠裡，也可以放入牠喜歡的玩具，讓牠多少可以放鬆一點。外出前，要提早讓貓咪進食和上完廁所。

把外出籠放上汽車座椅後，飼主要用手支撐，或是用安全帶固定，以免掉落。要不時跟貓咪說話，讓牠安心。

如果是搭乘大眾交通工具呢？

如果是搭乘大眾交通工具，攜帶寵物的規定會因營運公司或搭乘的車輛而異，最好先仔細確認後再出發。

捷運火車

在有人員的驗票口購買隨身行李用的車票（相當於貓用車票），然後驗票入場（飼主的車票另計）。貓要安置在外出籠內，千萬不能在車廂內放出來。如果貓咪叫得很大聲，可以中途先下車，等貓咪鎮定下來以後再上車。外出籠的尺寸和重量有上限規定，建議事先確認。

飛機

出發時，要把貓咪放進外出籠、在報到櫃台託運。外出籠會送到飛機內的貨艙。貨艙內的空調設定和客艙相同。下機後，多數航空公司會有地勤人員直接將外出籠交給飼主，不需要到行李轉盤認領。寵物託運的費用會因航程距離而異，日本國內航班1籠的費用大約是5000日圓。

如何適當稱讚／責備貓咪

別責罵貓咪 要多多稱讚牠

貓咪被稱讚就會覺得開心，但並不會像狗一樣為了博取飼主的稱讚而做出行為。稱讚貓咪的目的與其說是訓練，最好還是當成和貓咪建立良好關係的方法吧。

此外，貓咪做出的惱人行為，幾乎都是出於貓的習性，無法改變，就算責備牠也無濟於事，況且要是大聲罵牠，牠反而會開始害怕飼主。為了讓人和貓融洽生活，重要的是整頓出一個不需責罵貓咪的環境。貓咪惱人行為的應對方法，也可以參照第八章。

貓咪會開心的稱讚方法

邊稱讚邊撫摸

對貓咪稱讚「你好乖喔」之類的話，同時溫柔地撫摸牠的喉嚨下方或耳朵後面。

Q 為什麼一罵貓咪牠就會開始理毛或打呵欠？

A 這是因為貓咪從飼主的語氣中察覺討厭的氣氛而緊張起來。所以，牠會離開緊張的地方，在安全的場所開始理毛，讓自己不安的情緒鎮定下來。打呵欠或許也是貓咪為了轉換心情才有的行為。

不責罵貓咪的對策

貓無法透過訓練了解人類所說的話。要防止貓咪的惱人行為，就是採取會讓貓咪自己覺得「已經不想再這麼做」的對策。以下就來介紹能讓貓咪自己覺得「做這種行為就會發生討厭的後果」、不至於破壞貓咪和飼主關係的方法。

● 設置物品會掉落的機關

貓咪最喜歡爬到高處。可以在不想讓牠上去的地方，擺放裝了硬幣的金屬罐，或其他掉下去會發出巨大聲響的東西。另外，也可以堆疊沒有放穩的書本等等，設置讓貓咪踩上去就會崩塌的狀態。只要貓咪認定「爬到這裡就會發生可怕的事」，牠就不會再上去了。

● 用噴霧器朝貓咪噴水

當貓咪做出無法預防的惱人行為時，也可以用噴霧器朝貓咪噴點水。不過要是貓咪發現這是飼主做的好事，可能會變得討厭人類，所以要從貓咪察覺不到的遠處噴水。重點是讓貓咪認知到「這樣做就會有水灑過來」。

● 在不想讓貓咪爬上去的地方貼雙面膠

在貓咪會跳上去的地方貼雙面膠，會使肉墊感覺到討厭的黏膩觸感，這樣貓應該就會討厭那個地方而不再上去了。

盯著眼睛說教

貓咪只有在打架的時候才會對眼直視。如果強迫牠看向自己並瞪著牠，牠可能會感覺受到威脅而害怕起來。

做出拍打等體罰行為

如果拍打貓咪，牠只會在當下停止惱人的行為，但卻會感覺恐懼，導致和飼主之間的信賴關係毀於一旦，所以千萬不能做！

貓咪喜愛的趣味遊戲

會刺激貓咪好奇心與探索精神的遊戲

奶貓的好奇心十分旺盛。飼主可以準備玩具、布置出能夠儘情玩耍的環境，來刺激、滿足奶貓的好奇心和探索精神。透過玩耍體驗各式各樣的事物，也有助於奶貓社會化（82頁）。

此外，和飼主一起玩耍，對貓咪來說也很重要。貓咪和飼主開心玩成一片、互相接觸，才會開始信賴飼主，加強彼此的羈絆。每次只需要玩一下下就好，所以建議飼主一天多安排幾次陪貓咪玩耍的時間吧。

貓最喜歡這種玩具和遊戲

可以咬著玩的東西

不管是小玩偶還是布製品，貓咪都會抱著咬來咬去。貓可以透過捉住或是啃咬物品玩耍，學會牙齒和爪子的使用方法。

用雷射筆來逗弄貓咪也很省事。

會動的東西

逗貓棒和球等會動的玩具，可以刺激貓咪的狩獵本能。追逐捕捉的動作也能當作很好的運動。貓咪也會追逐雷射筆照出的光點、移動的影子。有些貓還會對電視和電腦螢幕上會動的影像產生興趣。

發出聲音的東西

內含鈴噹的球、紙類等一觸碰就會發出聲響的東西，也是貓咪的最愛。

Q 需要積極地和貓咪玩耍呢？還是等貓咪自己來呢？

A 對於初來乍到的奶貓來說，最好還是等牠自己來比較好。等到貓咪開始習慣後，可以讓牠玩玩球、用逗貓棒與貓咪玩耍一下，在貓咪表現出想玩耍的樣子時，就與奶貓玩一會兒。原則上就是當貓咪想玩時，飼主隨時做好陪玩耍的準備。

Q 奶貓時期用逗貓棒激烈玩耍，會不會對貓咪負擔太大？

A 請避免長時間玩耍，因為奶貓會感到累，可以與奶貓在短時間內玩耍幾次。不過奶貓集中力不足，因此在牠疲憊前應該會自己收手吧。

可以上下運動的東西

貓跳台之類可以爬上爬下的遊樂器材，或是爬上高處後再一躍而下，也是貓咪最愛的遊戲。

可以鑽進去玩的東西

只要看到箱子、紙袋、筒狀物之類有洞的物體，貓咪一定會鑽進去。因為牠喜歡狹窄的地方，鑽進去會感到安心或是可以探索。

貓咪之間互相嬉鬧

如果貓咪有兄弟姊妹或同居貓，彼此一起嬉鬧就是最棒的娛樂。雖然乍看之下很像是在打架，不過貓咪會在玩鬧的同時學會爪子和牙齒的用法、啃咬的力道等貓咪之間溝通交流必備的能力。如果是單隻飼養，飼主就要當牠的好玩伴。

貓咪的壓力

了解造成壓力的原因 盡可能排除

對貓咪來說，壓力會讓牠感覺到危險和不悅。原因很多種，特別是聲音、自己以外的人或動物的動作、環境的變化等因素，通常都會對貓咪造成很大的壓力。

要是長期承受壓力，貓咪的性情就會變得凶暴，或是出現其他行為上的變化。除此之外，有些貓咪還會變得食慾不振、身體狀況惡化。因此飼主要了解自家貓咪討厭的事物和行為，並盡可能避免，為貓咪打造一個可以安心生活的環境。

嬰幼兒、小孩

會突然大聲喊叫，或是不懂得拿捏力道、會粗魯撫摸的小孩，都是貓咪的大敵。不過只要貓咪習慣了，或許就能和小孩建立友好的關係。

訪客

貓咪看到訪客等第一次見到的人，往往都會緊張。飼主要避免初次見面的人突然觸摸或者抱起貓咪，請他暫時從遠處觀望吧。

其他貓咪、寵物

貓咪之間也有契合度的問題。與其他貓咪合不來，就會造成壓力。體格比自己大、會大聲喊叫的動物也是貓咪恐懼的對象。

貓咪感覺到壓力時發出的暗示

貓突然做出不同於以往的行為，可能就代表牠覺得有壓力。如果飼主發現貓咪出現右列的舉動，最重要的是尋找壓力的原因，並且仔細注意貓咪的身體狀況。

- □食量減少，吃不下飯
- □在便盆以外的地方排泄
- □躲在狹窄的地方
- □一直舔自己的身體
- □喵喵叫個不停
- □啃食紙箱或布料

醫院、戶外

會被獸醫師觸摸身體、曾經有過不好回憶的醫院，對貓來說是最可怕的地方。甚至有些貓咪只要看到去醫院用的外出籠就會恐懼。戶外則是因為環境和家裡不同，會令貓咪害怕。不過，貓咪生病和健檢時仍然需要去醫院，所以最好讓牠從奶貓時期就先習慣，儘量注意不要讓牠對看醫生有不好的印象（亦可參照p.82～87「社會化」）。

地震

地震導致的搖晃、聲響、人類的吵鬧聲，諸如此類貓咪討厭的事突然發生，會令牠感到害怕。即便是人類毫無知覺的微小地震，貓咪也可能會察覺而感到慌亂。

更換擺設

和搬家一樣，人因為挪動家具位置而到處走動、不穩定的狀態，也會造成貓咪的壓力。此外，貓原本熟悉的家具配置變了、喜歡的地方不見了，也會惹貓咪討厭。

搬家

搬家會有工人到處走動、家中環境會改變，對貓咪來說壓力會大到破表。如果要搬家到遠方，移動也會造成貓咪的負擔。在貓咪習慣新環境以前，應該需要花上不少時間吧。

找不到壓力的原因時，就檢查這些地方！

首先確認貓咪的壓力是否出自上述因素，再評估右列項目，確認貓咪的生活環境是否舒適。即使確定都沒問題，貓咪卻還是一直做出疑似有壓力的行為時，也可能有生病疑慮，最好向醫院諮詢。

- □便盆是否一直保持乾淨
- □飼料是不是貓咪喜歡吃的種類
- □周圍是否有噪音、氣味等貓咪討厭的現象
- □有沒有能讓貓咪解悶的玩具可以玩
- □是否安排了能讓貓咪上下運動的地方
- □是否過度糾纏貓咪，還是過度忽視貓咪

COLUMN

在集合住宅裡養貓的注意事項

近年愈來愈多集合住宅開放住戶飼養寵物，但是禁止飼養的房屋依然很多，尤其是出租公寓。千萬不要在禁止寵物的住宅裡偷養貓咪，最好還是光明正大地搬到允許養寵物的房子吧。

即便是允許養寵物的住宅，也可能會規定寵物的大小和數量，飼主必須嚴格遵守。此外，入夜後不要讓貓咪大聲玩鬧、避免貓毛飄到鄰居家中、注意便盆的異味等等，各方面也要多加顧慮。

在集合住宅裡養貓的7大重點

1 別讓貓咪在半夜吵鬧

2 梳毛時要關上窗戶避免貓毛飄出去

3 勤加清理貓便盆注意除臭

4 帶貓出門時要放進外出籠

5 別讓貓咪在牆壁和柱子上磨爪

6 確實分類處理貓咪吃剩的飼料等廚餘垃圾

7 做好除蚤、防蟎的措施

4章

從行為舉止了解貓咪的情緒

從表情解讀貓咪的心情

貓咪也有各式各樣的**情感**

貓咪當然也會有情感，但並不是像人類一樣複雜的心理變動，而是為了求生才自然生成的、極為單純的情緒。比方說，被飼主撫摸就會「高興」，地盤遭到入侵就會「憤怒」，玩玩具會覺得「開心」等等。

這些情感都會透過貓咪的表情、姿勢、尾巴的動作展現出來。只要仔細觀察貓咪，應該就能想像牠的心情了。

貓的**表情**主要顯現在眼睛和耳朵的動向

貓咪的情感，首先可以透過表情來了解。貓的眼睛和瞳孔大小，會展現出各式各樣的情感。而從鬍鬚的動態、耳朵是豎立還是下垂等等，都可以讀取到貓咪的情感。

除了表情以外，貓叫聲也會顯現出情感。聽到自己的名字會產生反應，或是對人有所要求的時候，貓咪就會用撒嬌的聲音喵喵叫。生氣或是要威嚇對方時，貓則會發出低吼般的聲音，或是「嘎——」的叫聲。

從瞳孔、鬍鬚、耳朵解讀心情

貓的瞳孔、鬍鬚、耳朵會接連動作，表達出牠當下的心情。

興致勃勃

好奇心旺盛的貓，瞳孔會睜大、目光閃亮有神。耳朵向上豎直，鬍鬚也會朝前方伸直，像雷達一樣收集情報。

不安

多少還有點逞強，糾結要不要逃走。不安的情緒愈是強烈，耳朵會愈往下伏、露出耳背，瞳孔則呈圓形。

平常心

耳朵向前，瞳孔大小中等。全身都相當放鬆，沒有任何部位用力，耳朵和鬍鬚也都呈自然狀態。

威嚇

貓咪逞強時，臉部會比平常心狀態要用力一點，瞳孔變細、露出銳利的眼神。耳朵會稍微往後縮，鬍鬚則是向前伸。

恐懼

瞳孔睜大，耳朵稍微朝向後側大幅彎折。當貓咪露出這種表情，代表牠滿心都是恐懼和不安。

姿勢會透露出貓咪的真心

貓的情感不只可以透過表情，也可以透過姿勢和尾巴的動作來讀取。貓咪逞強、威嚇對方時，會抬起臉、豎立耳朵，全身抬高以便挺起胸膛，慢慢搖晃伸直的尾巴。這樣可以讓牠的體格看起來比實際上還要大。

反之，當貓咪非常恐懼時，耳朵就會水平低伏，蜷起身體並蹲伏在地上。

從姿勢、行為解讀心情

平常心

貓咪全身放鬆，處於身體未用力的狀態。背部挺直，尾巴自然下垂，耳朵朝向前方。

攻擊

貓咪逞強威嚇時，頭會抬起、腰部也會翹高，讓體格看起來較大。一旦進入攻擊架勢，就會處於抬起腰部並低下頭、前腳用力的狀態，以便隨時撲上去。

放鬆

安心放鬆的貓咪，會做出蜷曲身體的姿勢，或是坐成香箱座（p.110）；如果更加鬆懈，就會做出翻躺伸展、露出腹部的「仰躺」姿勢（p.111）。

掩飾恐懼的威嚇

耳朵下伏、背部弓起、全身毛皮直豎、尾巴直立。這是貓咪其實內心非常害怕，但又不願意向對方認輸的逞強姿勢。

恐懼

當貓咪感到十分恐懼時，身體會縮小壓低、做出蹲伏的姿勢。耳朵也會大幅彎折，尾巴無力地垂到地面、左右搖晃。

聽叫聲解讀心情

貓咪之間會用叫聲來互相溝通交流，也會用叫聲對飼主傳達自己的要求。
只要仔細聆聽貓的叫聲和音調，就能漸漸分辨出貓咪的心情了。

暫且安心

貓咪因為某些原因感到緊張，當情緒緩解後，就會忍不住發出這個聲音。與其說這是從嘴巴發出，反而更像人類用鼻子呼氣一樣的聲音。

很好吃、心情好

這是飼料很好吃、吃了心情很好的叫聲。可能是貓咪在奶貓時期，會邊喝母乳邊發出叫聲向母貓表達滿足感，久而久之便成了習慣。

要求和希望

貓咪要求「給我飯飯」、「抱抱我」時的叫聲。當「喵～～」拉得更長時，也可能代表牠有什麼不滿。

打招呼或回答

貓在看見飼主、家人等熟悉的人，或是被這些人呼喚時，就會發出輕快叫聲回應。同居的貓咪之間也會用這種聲音打招呼。

發情時呼喚對方

這是貓咪發情時呼喚異性，或是回應異性呼喚時的叫聲，音量相當大。有些貓咪發情的叫聲聽起來比較像是「呼嚕呼嚕呼嚕……」。

興奮和關心

貓咪在玩耍時興奮起來，或是看見窗外的小鳥、產生想要撲上去捕捉的衝動時就會發出這種叫聲。有些貓的叫聲聽起來像是「喀喀喀喀……」。

威嚇

這是貓咪在有其他貓或訪客等入侵者踏進領域時，進入警戒模式、試圖趕走對方的叫聲。通常是為了迴避爭端才會這麼叫。

好痛！

這是貓咪受傷、被人踩到尾巴等，會自然發出的慘叫。聽到貓咪這麼叫時，為了慎重起見，要趕緊檢查牠身上是否受了傷。

尾巴也是表達心情的重要部位

貓有時候聽到自己的名字也不會有反應。這種時候，牠的身體雖然紋風不動，但仔細一看，可以發現牠的尾巴有些微的動靜。這可以解讀成牠知道有人在呼喚牠，可是牠沒有心情理會對方。

從尾巴搖擺的幅度、速度，也可以區分「焦躁」、「興致勃勃」、「很在意」等情緒差異。可以透過尾巴這些動作，來讀取貓咪的情感。除了動作以外，從尾巴的位置也可以推測出貓咪當下的心情。

看尾巴解讀心情

豎立的尾巴不停抖動 ⇨**開心**

有飯吃、被撫摸等貓咪感到高興的時候，尾巴就會豎立起來左右抖動。小幅度的抖動是開心的表現。

垂直往上豎立 ⇨**撒嬌**

這原本是奶貓要讓母貓舔屁屁時會擺出的姿勢，只會對牠信賴、想要撒嬌的對象這麼做。

無力下垂 ⇨**放鬆**

尾巴呈自然下垂，代表貓咪正處於放鬆的心情。尾巴沒有用力、呈現鬆弛的狀態。

尾巴末端輕輕抽動 ⇨**感興趣**

貓咪發現感興趣的事物時，會因為興奮導致尾巴末端小幅度抽動。當牠瞄準獵物時，也可能做出這種反應。

尾巴長度和形狀的祕密

貓的尾巴長度和形狀，會因個體和品種而各不相同。貓尾巴本來很長，但會因為突變而生下短尾巴的貓。短尾巴和遺傳有關，原因在於尾巴裡的尾椎骨（參照p.18）數目很少、緊連在一起。此外，同是短尾巴的貓咪交配後的結果，也導致短尾巴的貓愈來愈多。

其中有些貓是尾巴末端彎折的「麒麟尾」，常見於日本貓，尤其是長崎的貓有一大半都是麒麟尾。據說這種尾巴的末端會「勾住幸運」，是一種很吉祥的貓。

披毛倒豎、尾巴膨脹 ⇨威嚇、憤怒

這種反應會出現在貓咪打架時。內心滿懷恐懼，卻不願意服輸時，全身就會處於這種狀態。

尾巴朝下 ⇨觀察、臨戰、防禦

貓咪在觀察附近疑似敵人的對象、進入隨時開打的備戰狀態時，或是為了保護自身安全時，尾巴都會朝下。但這種狀態和放鬆時不同，特徵是尾巴會蓄勢待發。

末端慢慢晃動 ⇨很在意、很厭煩

貓咪有很在意的事物，但還不願意出手試探、正在觀察的時候；或是對在意的事物感到很厭煩時，尾巴末端就會慢慢晃動。

水平方向大幅擺動 ⇨焦躁

貓和狗不同，大幅度搖尾巴代表牠很焦慮，可能正準備攻擊或抵抗，所以要幫牠排除焦慮的原因。

如果想要更深入理解貓咪、和貓咪相處融洽，
那就先來了解貓咪出現神奇行為舉止的原因吧！

Q1 貓咪的記憶有多久？會留下心理創傷嗎？

A 不好的記憶會留下，但維持的時間不明

貓為了保護生命、遠離危險，會記住可怕的經歷，也會留下心理創傷。比方說，很多曾經在醫院遭受痛苦對待的貓，會連上醫院用的外出籠也不肯進去。曾經掉進裝水浴缸的貓，也會變得不願意再靠近水邊。但記憶會因貓咪而不同，我們無法得知貓對於不好的記憶具體會記得多久。

Q2 貓咪不會表演才藝嗎？

A 需要花很長的時間才能學會

貓咪會才藝，但是學習的時間比狗要長上許多。教導動物某些才藝時，在牠做完動作之後一定要抓準時機給予獎賞和稱讚。點心零食對狗來說是一種獎賞，但是對貓來說並沒有那麼大的吸引力。因此即使貓咪順利表演了才藝，往往也無法在正確的時機得到讚美，所以很難學會。

貓咪的神奇行為舉止

Q3 為什麼貓咪開心時喉嚨會發出呼嚕聲？

A 據說是源自於奶貓時期的美好回憶

貓咪的咕嚕咕嚕，據說是喉嚨附近的器官震動、讓喉嚨發出的聲音，但實際的發聲原理不明。貓咪咕嚕叫的原因也有很多說法，最早的說法是奶貓在吸母貓的奶時，為了讓母貓知道自己在這裡才會發聲。當年的美好回憶一直留存著，所以貓咪長大後才會在高興和安心的時候，用喉嚨咕嚕咕嚕地發聲。

Q4 為什麼貓咪要踏踏棉被？

A 從喝母奶時期遺留下來的習慣

奶貓喝母奶時，會用前腳抓揉母貓的乳頭周圍，以便能擠出更多奶水。貓咪長大後，想要睡覺或是觸摸到柔軟的毛毯和棉被時，應該是想起了奶貓時代的回憶，才會做出吸咬、抓揉的動作吧。

Q5 貓咪聽到名字會回應，代表牠聽得懂嗎？

A 牠都聽得懂

貓咪應該也聽得懂飼主每天呼喚牠的名字。有些貓咪聽見名字會回應，如果在貓咪附近談話、提到牠的名字，牠甚至還會豎起耳朵。不過，有些貓咪明明聽得懂自己的名字，卻裝出一臉不知道飼主在叫牠的表情。其實這只是單純地懶得理會而已。

Q6 貓咪可以理解人說的話嗎？

A 無法理解太細微的意思

像「吃飯」這種每天都會聽見的簡短單字，有些貓多少能夠聽得懂，但應該無法理解言語的細微含義。即使如此，飼主和貓咪長年一起生活下來，還是能夠根據彼此的反應來互相溝通。

Q7 為什麼貓咪看到飼主講電話就會叫個不停？

A 代表貓咪想要你陪牠

照理說貓咪應該還不餓，卻在飼主開始講電話時突然喵喵叫個不停。貓咪的這種舉動，是想要博取關注、希望飼主陪陪牠的暗示。牠可能是不滿意飼主的注意力居然不在自己身上，所以才會表達抗議。

Q8 貓咪有語言嗎？

A 與其說語言，不如說是用聲調高低來表達情感

貓咪對飼主有所要求或表達自己時，會用不同的聲調來表現情感。此外，在夜晚的公園等公共場所，一群貓會像是集會一樣聚在一起。目前仍無法得知牠們為何會有這種行為，但據說貓咪會發出一種只有貓才接收得到的特殊聲波，用來互相傳達想法。

Q9 為什麼貓咪會盯著空無一物的地方看？

A 貓咪出色的聽覺可能感應到了什麼

這是貓咪常有的行為，但確切的原因並不清楚。貓的聽覺遠比人類要靈敏許多，即便是看似什麼也沒有的地方，牠也可能感應到了什麼而正在確認。此外，貓也可能是為了要感應，而正全神貫注在自己的感官上。

Q10 貓咪真的很愛吃醋嗎？

A 可能只是出於戒心和獨占欲而採取的行動

每當有客人來訪時，貓會「嘎—」地威嚇對方，或是不願意親近對方。貓咪的戒心和獨占欲很強，如果心愛的飼主和訪客聊得很盡興，可能就會令貓咪感到不安、希望飼主能夠理會牠。因此在人類看來，貓咪的行為就像是在吃醋一樣。不過，有些貓咪也是能夠心平氣和地接受訪客的到來。

Q11 貓咪真的是老饕嗎？

A 貓咪的味覺很遲鈍，但對氣味很敏感

貓咪的嗅覺靈敏度是人類的數萬倍，用聞的就能分辨這是不是自己要吃的食物。貓原本是肉食動物，並不像狗一樣什麼都吃，或許就是這樣才會看起來像個老饕。貓無法像人類一樣嘗出細微的滋味差異，所以當貓不肯吃第一次接觸的食物時，並不代表不合牠胃口，而是牠不喜歡那個氣味；若是吃到一半突然不吃了，可能是因為已經吃膩了。

Q12 為什麼貓咪看到報紙攤開就會跑上去？

A 這是想要飼主「陪我」的暗示

貓會跑到在地板上攤開的報紙或雜誌上翻滾。這可能是因為貓咪無法理解人類看報紙的意義，以為人類看起來很閒。當牠想要對方理會自己、想要向飼主撒嬌時也會採取這種行動。

Q13 為什麼貓咪這麼愛鑽袋子？

A 因為那是能讓牠安心的地方

貓咪最喜歡狹窄又陰暗的場所，因為那會令牠感到安心。袋子裡對貓咪來說也是可以安心、狹窄、陰暗，充滿魅力的地方。除此之外，有些貓咪也喜歡紙袋發出的沙沙聲、塑膠袋發出的唰唰聲。貓最擅長跟自己喜歡的東西、在喜歡的地方玩耍，所以牠可能認為袋子是個很好玩的遊樂場吧。

Q14 為什麼貓咪喜歡待在高處？

A 這是貓科動物的習性

貓科動物大多都很擅長爬樹，會在其他動物爬不上去的安全樹木上休息、從高處尋找遠方的獵物。現在的家貓應該依然保有這種習性。有些動物覺得待在高處，感覺會比人類更高等、會變得具有攻擊性，不過貓咪並沒有這種疑慮。

Q15 貓咪對鏡子有反應，是知道鏡子裡映出的是自己嗎？

A 有反應是因為牠不知道那是自己

貓並不知道鏡子裡倒映的是自己，而是以為有另一隻同類。甚至有些貓會繞到鏡子背面確認。在目睹幾次後，貓咪會發現鏡子沒有觸感、也沒有散發氣味，判斷那不值得自己產生反應，最後就不會再理會了。根據某一種說法，這是因為貓咪終於發現鏡子裡倒映的是自己（得知那不是同類也不是敵人），才會不再反應。

Q16 為什麼貓咪會怕冷？

A 「怕冷」只是一種印象

與狗相比，貓咪給人比較怕冷的印象，但實際上貓並不是特別怕冷的動物。有些貓甚至能在冬天嚴寒的戶外生存。牠只是跟人類一樣，覺得比起忍受寒冷，還是待在溫暖的地方比較舒服。

Q17 貓咪有時候會說夢話，代表貓咪也會作夢嗎？

A 貓在淺眠時似乎會作夢

據說貓咪可能會作夢。只要調查貓咪睡眠時的腦部狀態，就能發現和人類十分相似的電氣活動。貓咪熟睡時發出「嗚喵嗚喵」的碎念，應該就是和人類一樣在淺眠時作夢、正在說夢話吧。

Q18 什麼是「香箱座」?

A 這是貓咪很放鬆時的坐法

「香箱座」是像右圖一樣，貓咪把前腳彎進胸膛（內側）的坐姿。貓彎起背部的坐姿，很像是日本以前用來放香木的「香箱」，所以才會這麼稱呼。由於這個姿勢的前腳往身體內側捲進去，緊急時刻沒辦法立即行動，所以只有在貓咪非常安心放鬆時才會出現這種坐姿。

Q19 貓咪一出糗就會理毛，是為了掩飾尷尬嗎？

A 這不是為了掩飾，而是為了讓自己鎮定下來

貓咪理毛本來的目的是整理披毛、保持清潔，除此之外，還有「鎮定情緒」的效果。當牠做錯了什麼事，就會理毛來轉換心情。此外，當飼主出聲責罵、擺出不同於平常的態度時，貓會感到非常不安，因此牠就會理毛來安撫自己的情緒，並不是為了掩飾自己的過錯。

Q20 有什麼方法讓貓咪「仰躺」呢？

A 環境要能讓牠非常放鬆

貓咪翻肚仰躺的無防備姿勢，如果不是相當放鬆是不會做出。家貓從出生開始就是在不需要戒備的環境下備受呵護成長，有些貓甚至可以仰躺熟睡。不過依貓的個性而異，戒心強和膽小的貓不會這麼做，飼主平時要和貓咪打好關係，用心布置一個可放鬆的環境。即使貓咪仰躺，突然伸手摸肚子也可能令牠緊張而不願繼續躺，所以在貓咪仰躺直到安心以前，都不要隨便觸碰，靜靜在一旁觀望吧。

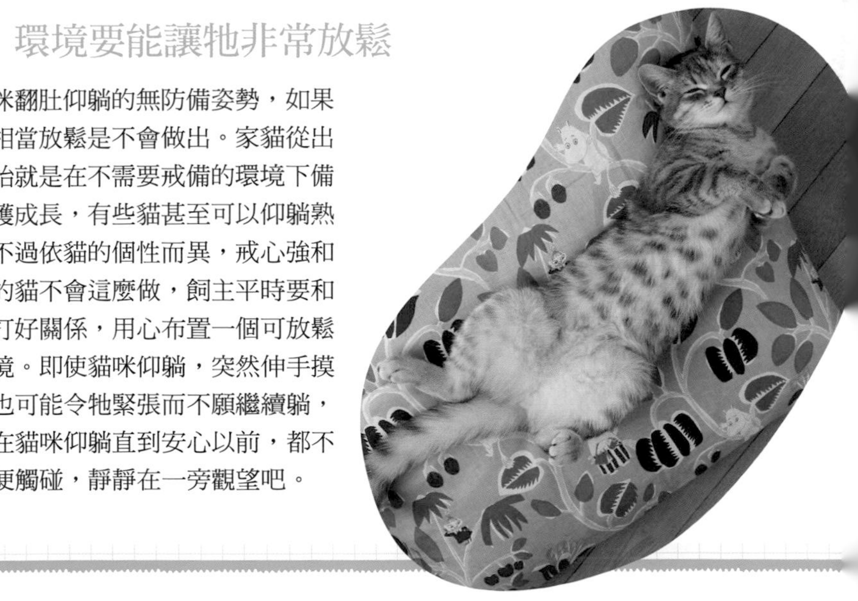

Q21 貓咪很能忍痛嗎？

A 貓的忍耐力可能很強

貓咪的確在身體碰撞到某個地方時，也不會表現出疼痛的反應，或是手術後就立刻開始走動。貓並不是感覺不到痛楚，但我們還不清楚是感受比較弱，還是忍耐力很強。不過可以確定的是，貓咪可以感受到疼痛。

Q22 貓咪不願讓飼主看見自己離世，是真的嗎？

A 臨死前躲藏起來是貓的本能

除了貓以外，很多動物都有在臨死前為了保護自己、不讓敵人看見自己衰弱的模樣，而躲藏起來的習性。像貓這種保留野生本能的動物，在將死之際就會想要逃離敵人、前往狹窄陰暗的安穩之處躲藏。貓也可能就直接死在那裡，所以才有「貓咪不願意讓人看見自己死亡」的說法。

5章

日常保養

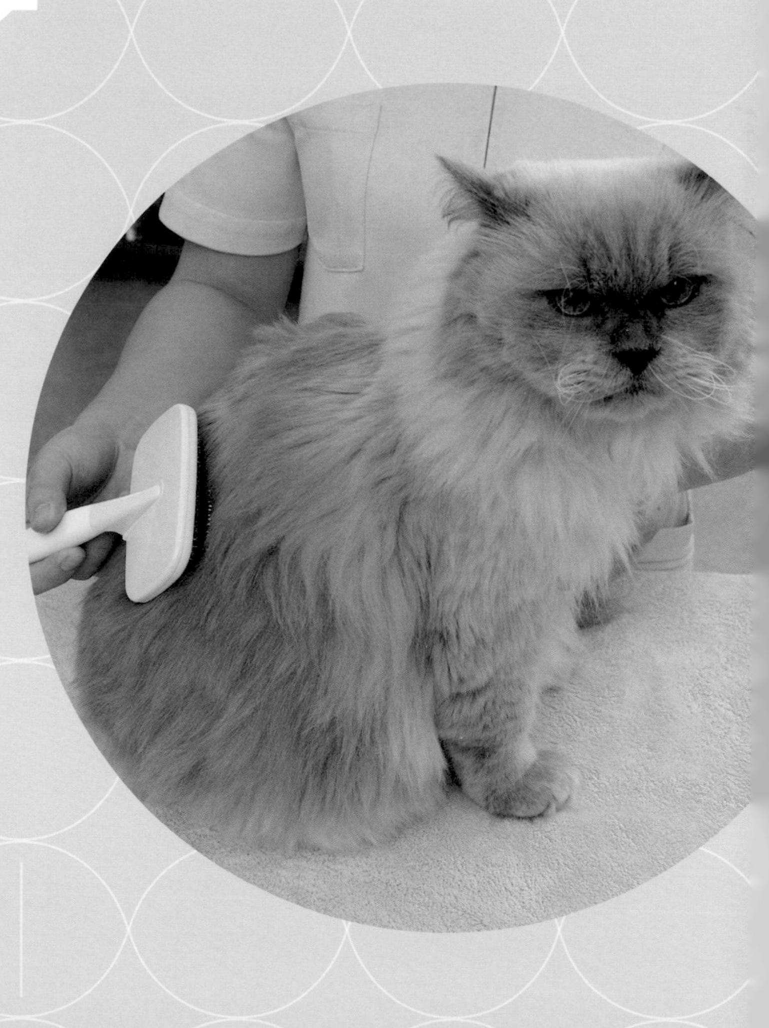

貓咪保養，這些是基本！

為了貓咪的美麗和健康要養成保養的習慣

貓咪會用自己粗糙的舌頭，舔舐自己的全身來理毛。不過，有些部位牠無法自己舔到，像是脖子周圍等等，所以飼主幫忙保養很重要。

只要幫貓咪梳毛，就能保持貓咪的身體衛生，外表也會更美麗，而且還有預防皮膚病、促進血液循環的效果。要養成保養眼睛、耳朵、牙齒、爪子的習慣，讓貓咪可以健康生活。而且，保養的時間對飼主和貓咪來說也是一種肢體接觸。

日常保養必備的用具

＊梳毛用具要斟酌選擇適合貓咪本身的物品。

軟針梳　針梳　扁梳

紗布　指甲剪　牙刷（齒垢清潔紙）　橡膠刷

必要的保養工作

1 梳毛

⇨ p.117～119

這樣可以除去脫落的毛、髒污、皮屑和蟎蟲等等，適度的刺激可以加強血液循環、促進皮膚的新陳代謝，增加皮脂分泌，為披毛賦予更多光澤。

2 除蟲對策

⇨ p.120～121

只要貓咪外出就會染上跳蚤或蟎蟲，即便是養在室內，也可能因為某些狀況接觸到寄生蟲。跳蚤和蟎蟲也會叮咬人類，所以一定要做好預防。

3 洗澡＆吹乾

⇨ p.122～125

這樣可以沖掉脫落的毛、洗去髒污，讓披毛恢復潔淨。貓天性討厭被水淋濕，所以不必勉強牠洗澡。如果要洗的話，要注意別讓貓咪感到恐懼。

4 修剪爪子

⇨ p.126

修剪爪子的週期，會因貓咪的年齡、平常磨爪的程度而異。飼主要勤加檢查年輕貓咪的爪子是否長到會勾住地毯，高齡貓則是檢查爪子是否會陷入肉墊裡。

5 刷牙

⇨ p.127

如果貓咪的牙縫裡夾帶食物殘渣，就會長成牙結石，造成牙周病、牙齦炎。要趁奶貓時期就讓牠習慣刷牙，盡可能當成每天的例行公事。

6 擦拭眼周

⇨ p.128

飼主要勤於檢查貓咪的眼睛，如果出現眼屎，要趁沾黏以前趕緊擦掉。貓咪感冒時可能會流眼淚或是分泌眼屎，這時就要儘快就醫。

7 清潔耳朵

⇨ p.128

貓咪可能會染上耳疥蟲或是外耳炎，所以飼主平常要多注意耳朵清潔。

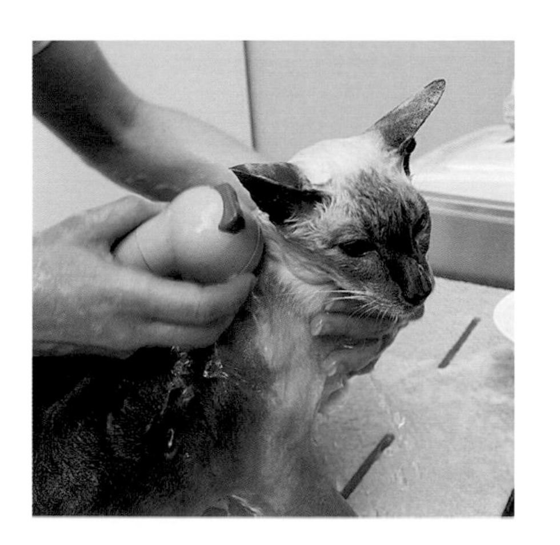

了解貓咪的披毛特徵

大多數貓咪都有雙層披毛

貓的披毛大多數都是雙層構造，外側是較長的外層毛，內側是較短的底層毛。尤其是波斯貓（27頁）、緬因貓（28頁）、布偶貓（29頁）這些長毛種或原產於寒冷國家的貓，幾乎都是雙層披毛，以便維持體溫。不過另一方面，有些品種像是美國卷耳貓（20頁），雖然並不屬於短毛種，卻幾乎沒有底層毛。

較白的毛是底層毛，
較黑的毛則是外層毛。

長毛種在換毛期格外需要保養

貓咪的披毛每天都會自然脫落一點，脫落程度會因品種而有些微差異，不過脫落的毛量最多是每年的春、秋兩季。

特別是在春季到夏季的期間，更是貓咪脫落最多毛的時期，且脫落的毛多半是內側的底層毛。脫落的底層毛往往會因為上面覆蓋著外層毛，結果卡在裡面掉不出來。如果放置不管，可能會促使跳蚤或蟎蟲寄生，造成皮膚問題。尤其是長毛種的貓咪，平常每天都要梳毛，換毛期間更需要一天梳毛數次，以便徹底去除脫落的毛。

短毛貓的梳毛方式

梳毛是保持皮膚清潔、增加披毛光澤的保養基本。短毛種平常只要由貓咪自行理毛就夠了，不過到了換毛期後，建議每週還是要幫貓咪梳毛1次。使用的工具不管是扁梳、針梳還是橡膠刷都可以，重要的是選擇好用順手且貓咪不排斥的毛梳。

扁梳的握法

輕輕拿住就好，以免過度用力。

不要握住整個柄，會導致太過用力。

放鬆▶先溫柔地呼喚貓咪，撫摸牠的頭和身體、幫牠按摩。只要貓咪放鬆下來，保養就能順利進行。

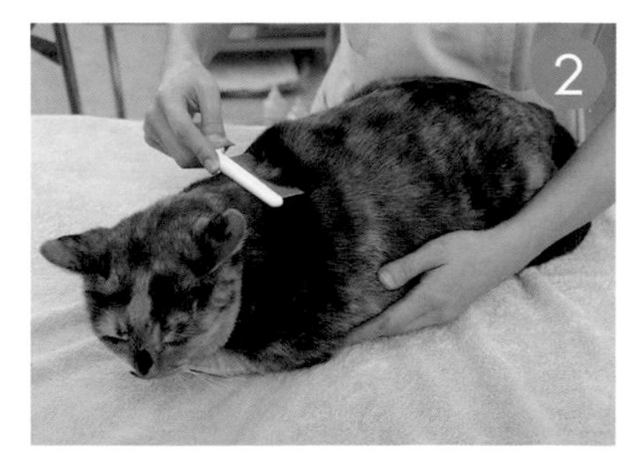

背部▶從脖子後方往腰部、順著毛流梳理背部。短毛種脫落的毛並不會太多，所以這裡是使用扁梳。這時不要一口氣快速由上往下梳，而是在小範圍內一點一點細心梳開披毛。

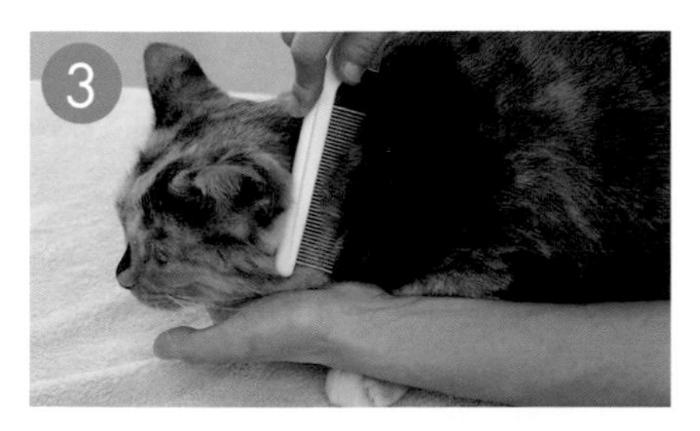

脖子後方▶脖子周圍的毛較厚、脫落的毛較多，用手扶住貓咪的下巴，溫柔細心地梳毛。

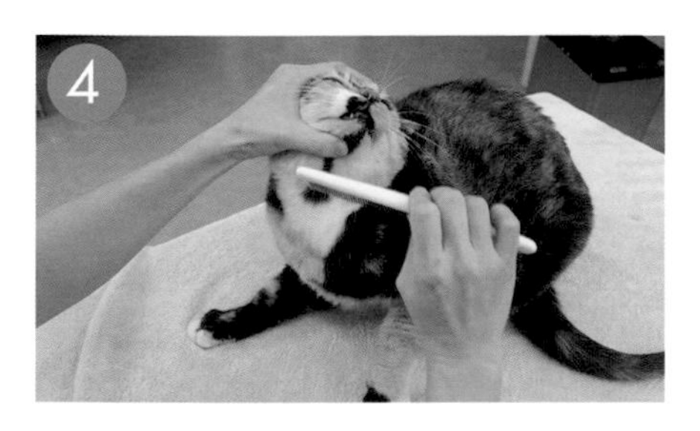

下巴～胸部▶這裡是貓咪無法自行梳理的部位。要將貓咪的臉抬起來，從下巴往胸部梳理。短毛種的腹部披毛並不茂密，只要沒有太多毛脫落，不必梳理也沒問題。

放鬆 ▶ 先溫柔地呼喚貓咪，撫摸牠的頭和身體、幫牠按摩，讓牠放鬆下來。這時也可以噴一點防靜電噴霧。

長毛貓的梳毛方式

長毛種的毛很容易打結或結成毛球，所以平常就要養成每天梳毛的習慣。換毛期一天最好能多梳幾次。依部位和披毛的厚度，分別使用針梳和扁梳，效果會更好。

梳毛用具

只要是適合貓咪的用具就好。如果梳齒無法深入披毛深處的話，就沒有梳毛的效果了，所以要根據貓毛的長度、毛的密度來挑選用具。

針梳的使用方法

輕輕拿住就好，以免過度用力。

不要握住整個柄，會導致太過用力。

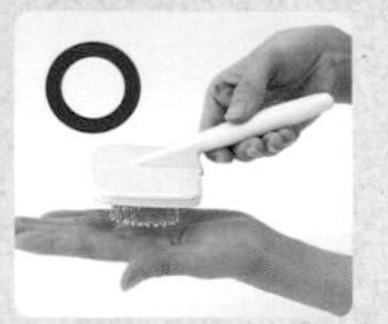

為了避免尖端刺傷皮膚，要讓針梳與毛皮平行，往自己的方向梳理。

如果用斜角往下接觸披毛，尖端可能會刺傷皮膚。握柄的方向也要和毛皮平行，而非垂直。

針梳

用在毛較長的部位。針梳比較容易弄傷皮膚，建議參考照片，遵守正確的握法和梳理方法。

扁梳

梳齒間隔大的部分用來梳開貓毛，間隔小的部分用來除蚤。建議選擇同時具備這兩種間隔的扁梳，用起來比較方便。

橡膠刷

梳齒間隔小的橡膠刷，容易卡住貓毛、不易清理。建議用梳齒較長的刷子來梳理長毛貓。

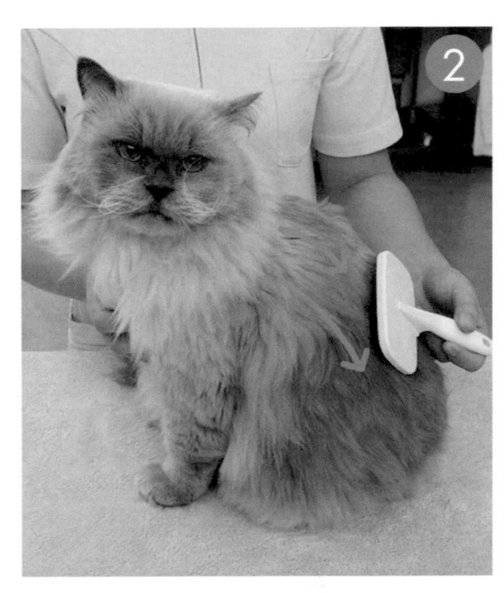

背部▶從脖子後方往腰部梳理。為了能夠確實將深處的長毛也梳開、去除脫落的毛，這裡使用針梳。此時不能一口氣梳理大範圍的披毛，訣竅是要用手抓起少許毛束，將每一根毛慢慢梳開。

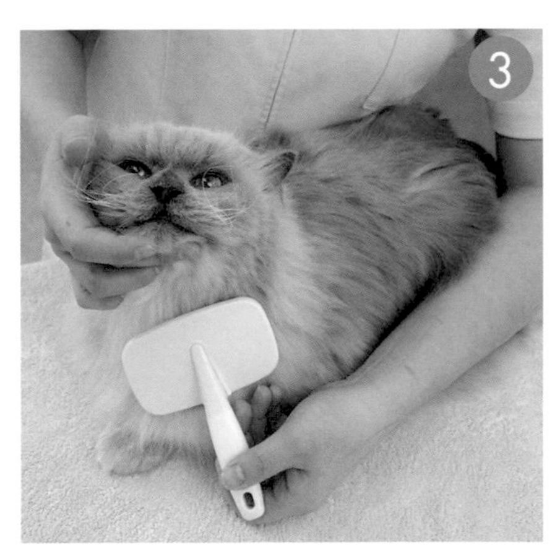

脖子～臉▶脖子的披毛偏厚、脫落的毛較多，要用手輕輕抬起貓咪的下巴，溫柔地梳理。臉頰的毛也很容易打結，所以要細心梳開。

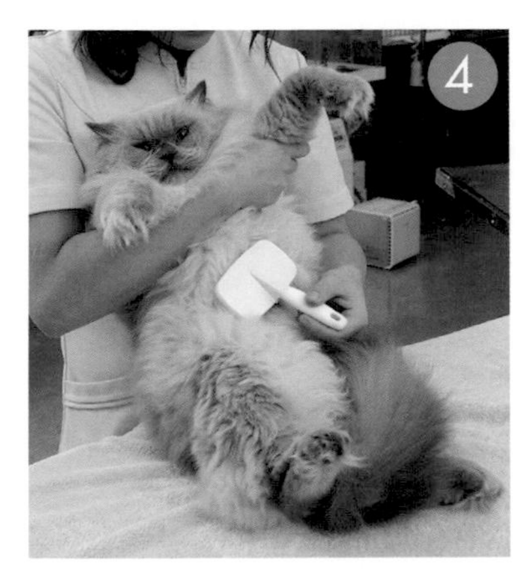

腋下～腹部▶手從貓咪的背後穿過腋下抱住，由上往下梳毛。腋下是貓咪很難自己舔到的部位，所以別忘記幫牠梳理。很多貓都討厭這種姿勢，所以重點是要快速俐落地梳完。

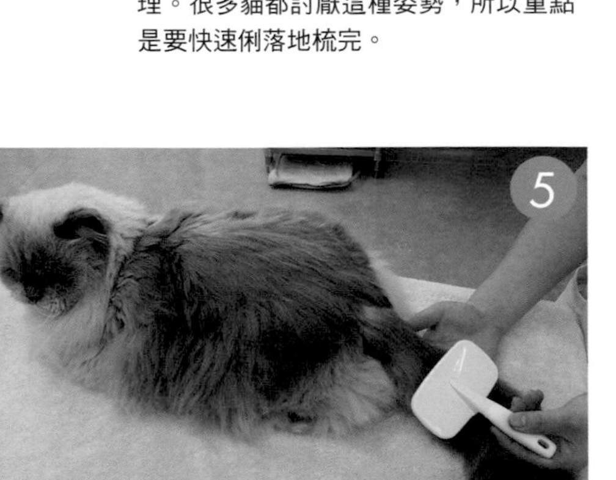

尾巴▶長毛貓連尾巴毛都很蓬鬆，毛的數量多又長，是很容易打結的部位。不要一鼓作氣梳開，而是要溫柔地梳，以免拉扯到毛。

做好除蚤措施！

跳蚤對貓和人都有害 要先做好預防措施

跳蚤是貓咪的天敵，一旦有跳蚤纏身，貓不只是會身體發癢，還可能會出現皮膚炎或傳染病。而且，跳蚤還會吸人類的血，被咬之後會造成嚴重搔癢，還會留下痕跡。最好先以預防跳蚤為最優先的考量。

跳蚤的活動力在五月到十月左右（初夏到入秋）會變得頻繁。牠們棲息在草叢裡，所以放養在戶外的貓要特別小心。即便是養在室內的貓，也可能會因為透過紗窗觀看外面的情景、跑到陽台翻盆栽裡的土，而被跳蚤寄生。

發現跳蚤和糞便時 要立刻驅除

跳蚤的繁殖能力非常強，最重要的是就算只找到一隻，也要即刻驅除。當貓咪出現到處抓癢、身體好像很癢的反應，可能就有跳蚤的疑慮。

若要找出跳蚤，可以用手和扁梳來梳開貓咪發癢部位的披毛。如果毛裡出現一點一點黑色的顆粒，碰水後會變成紅褐色的話，那就是跳蚤的糞便。這代表跳蚤已寄生在貓咪身上，所以要擴大檢查範圍。如果在毛中間發現體長約三公厘、動作迅速的黑褐色蟲子，那就是跳蚤了。但是用手捏死跳蚤很不衛生，建議用除蚤劑或洗澡等方法來驅除。此外，跳蚤可能會從貓咪的身上掉落到地毯、草蓆。因此當貓身上有跳蚤寄生時，必須用吸塵器勤加清掃室內。

跳蚤的驅除方法

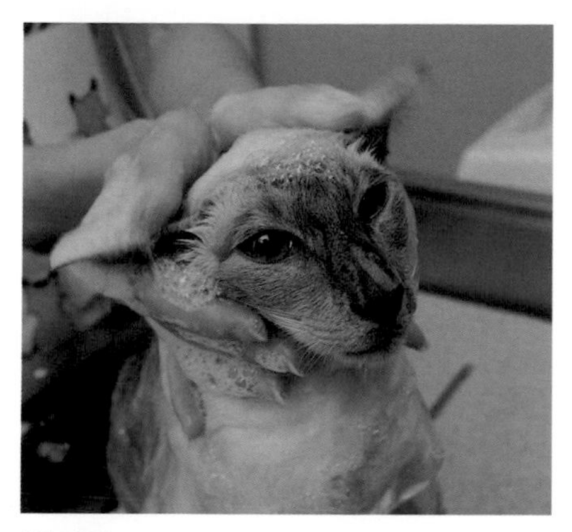

洗澡

洗澡清潔貓咪全身，也有驅除跳蚤的效果。市面上也販售可以清除跳蚤的成蟲、蟲蛹、蟲卵、糞便，還有蟎蟲的「除蚤洗毛精」，如果試用後不會對貓咪造成皮膚問題的話，就能夠使用。使用時，要仔細注意不要流入眼睛、耳朵和口腔內。

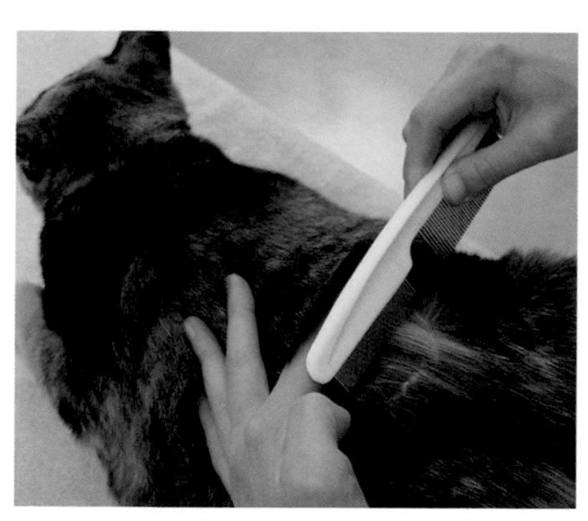

用扁梳理毛

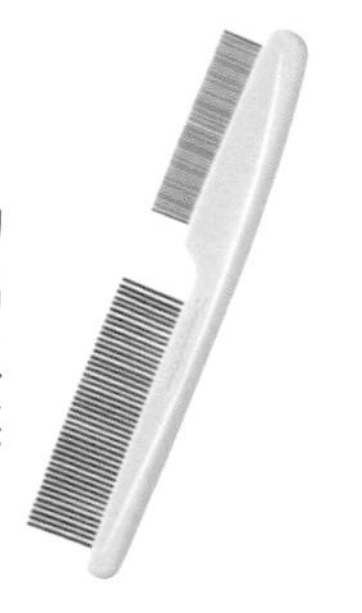

用手夾起小範圍的披毛，拉高到可以看見雙層毛的絨毛，然後用細齒梳的扁梳梳開、找出跳蚤。但只用扁梳無法徹底驅除，要搭配使用除蚤劑。

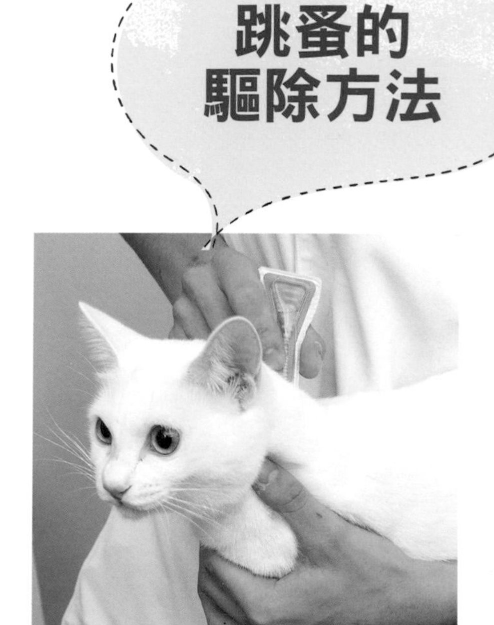

除蚤劑

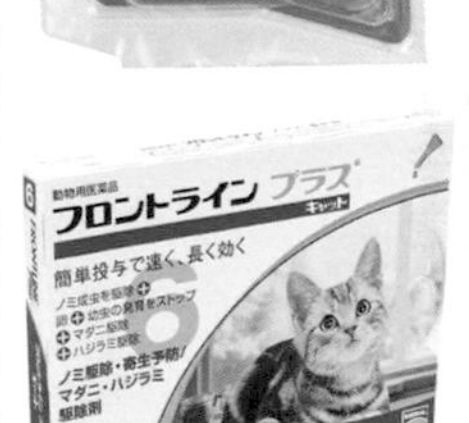

除蚤劑輕便且效果好，是最推薦的方法。只要將液體滴在貓咪的後頸，就可以驅除跳蚤。市售的除蚤劑和醫院開立的處方藥劑成分不同，若想使用預防效果較高的除蚤劑，一定要先找獸醫諮詢再使用。

洗澡

貓本來就很愛乾淨，如果是養在室內，短毛種的貓不需要特別洗澡。但長毛種光靠梳毛可能無法徹底清除髒污，如果飼主很在意貓咪身上的髒污和氣味，建議還是洗澡比較衛生。不過，貓咪基本上討厭水，很多貓發現要洗澡就會百般抗拒。這時就算是長毛貓，也不要勉強牠，可以改用熱毛巾幫牠擦澡，或是用乾洗澡的方式勤加幫牠梳毛。

清洗

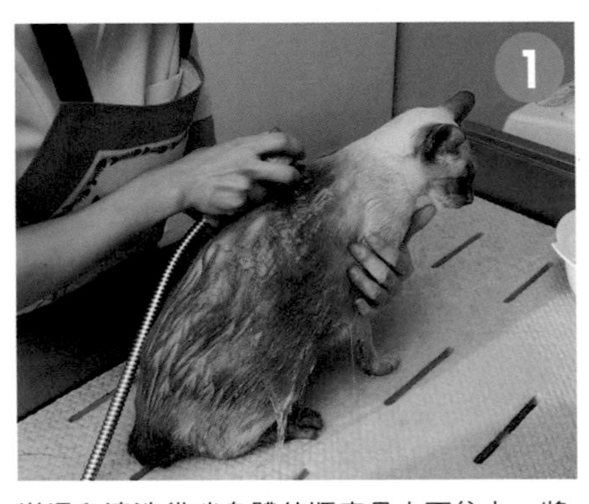

淋濕和清洗貓咪身體的順序是由下往上。將30～35度左右的溫水用蓮蓬頭慢慢淋濕披毛，水壓要調弱一點，以免溫水四處飛濺，訣竅是盡可能將出水口貼近貓咪的身體。在進行這項工程的途中，也要同時擠壓肛門腺（p.124）。

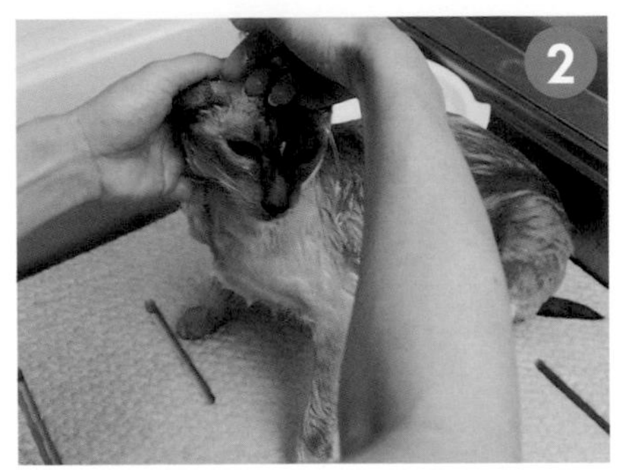

最後再淋濕頭和臉。注意不要讓水流入耳朵，可以先用手指壓住一邊耳朵，沖好後再換另一邊。如果貓咪不想讓蓮蓬頭靠近自己的臉，就改用手慢慢舀溫水來淋濕。

洗毛精直接擠在皮膚上會太刺激，或是抹得不均勻。建議先在洗臉盆內用水溶解洗毛精、做成稀釋的洗毛液。

洗毛精選哪一種才好？

要準備貓咪專用的洗毛精。有些貓的皮膚比較敏感，如果使用後皮膚會發癢或泛紅，就要換成適合膚質的低敏產品。沒有必要用潤毛精和護毛精，但如果飼主想使用的話，可以改成洗潤合一的洗毛精，這樣就能快速解決。

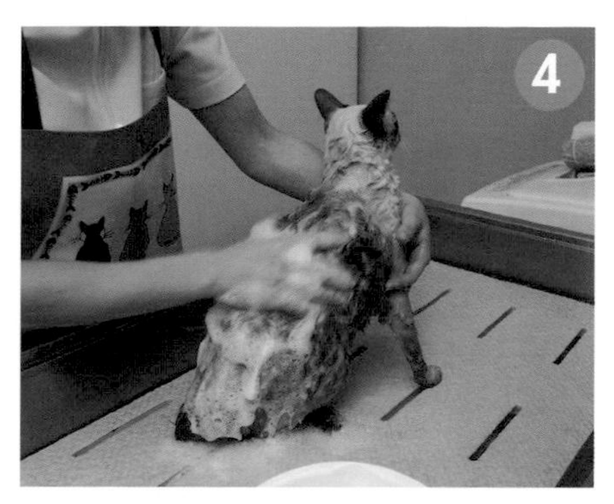

下半身～背部▶洗澡要由下往上，先依照後腳→尾巴→下半身的順序淋上洗毛液，手指要順著毛流移動，用指腹由下往上、從下半身往背部／腹部的方向慢慢清洗。

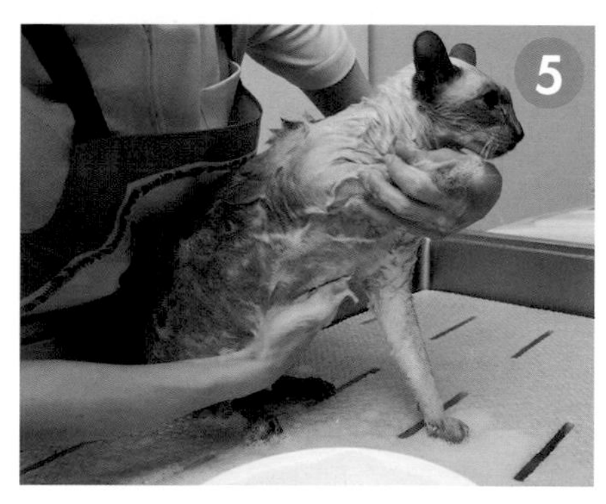

腹部、胸部▶從背部用繞圈的方式洗到胸部和腹部。這些部位的披毛較薄，要小心別讓指甲刮到貓咪的皮膚！

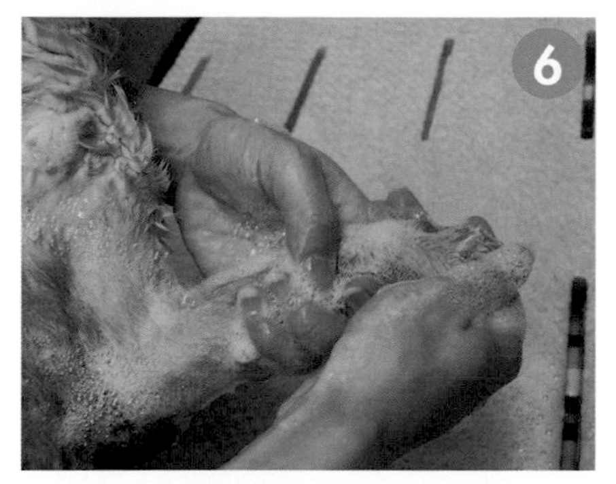

前、後腳▶肉墊和腳趾根部也要仔細清洗。

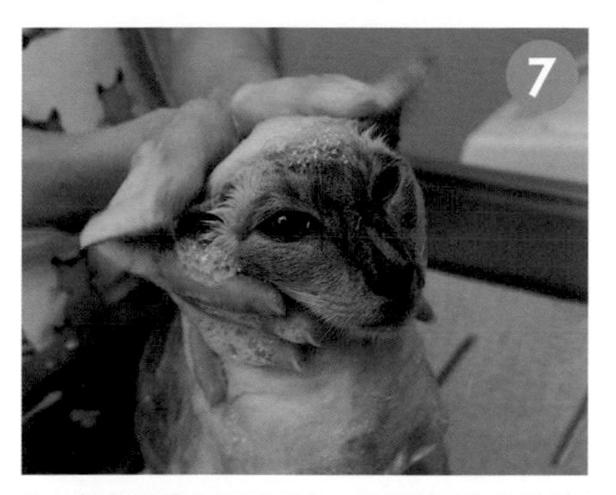

臉▶臉部周圍和下巴下方，要用雙手包住臉的方式壓住並快速清洗。下巴和嘴巴周圍會特別髒，要更仔細清洗。

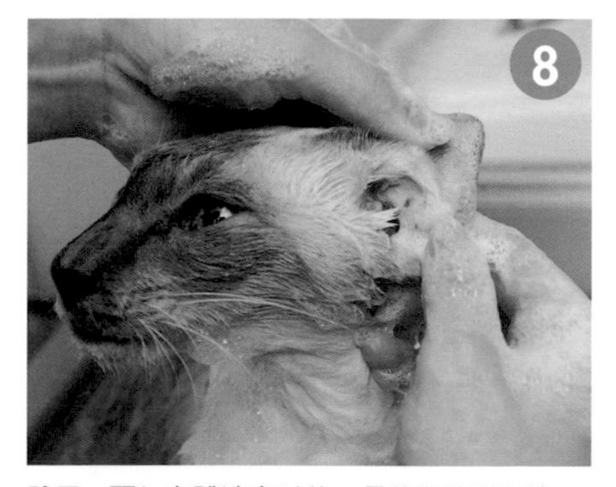

脖子～頭▶身體洗完以後，最後再洗頭和臉。耳朵內側很容易堆積污垢，要用手指溫柔清洗每條皺摺，但要小心別讓水流入耳朵內。

沖水

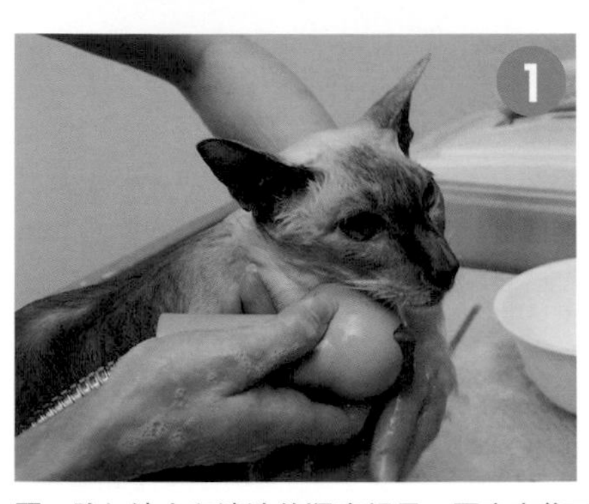

頭～臉▶沖水和清洗的順序相反，要由上往下、從頭到下半身依序沖水，才能沖掉污垢。沖臉時，要特別把水壓調弱，讓出水口貼近貓咪的臉，用手壓住耳朵再沖洗。

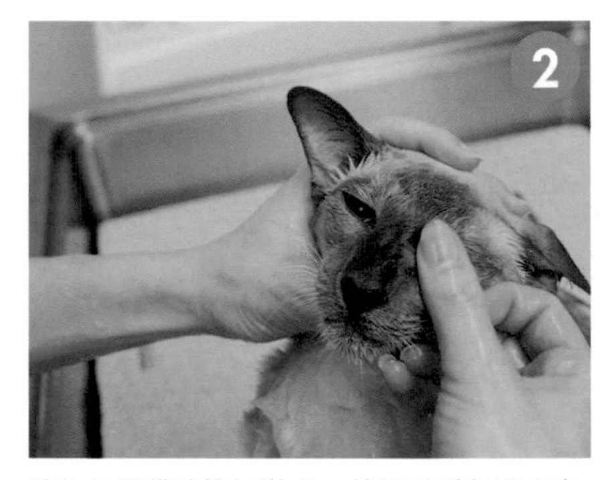

臉▶如果貓咪抗拒淋水，就用手舀起溫水來沖洗。

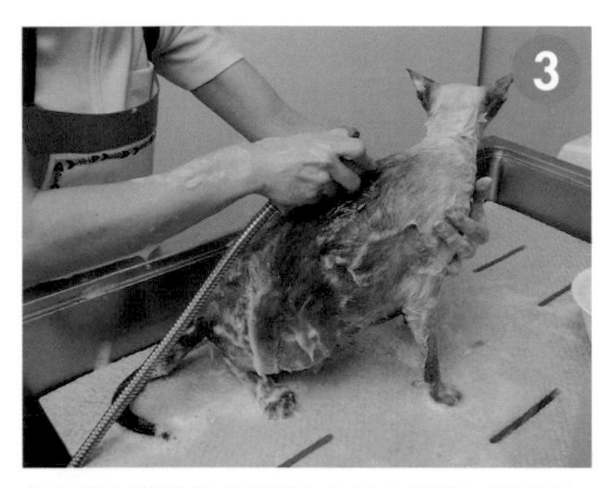

上半身▶沖洗包含前腳在內的上半身。披毛較厚的部分，要用手撥開披毛、連底層毛都徹底沖洗乾淨。

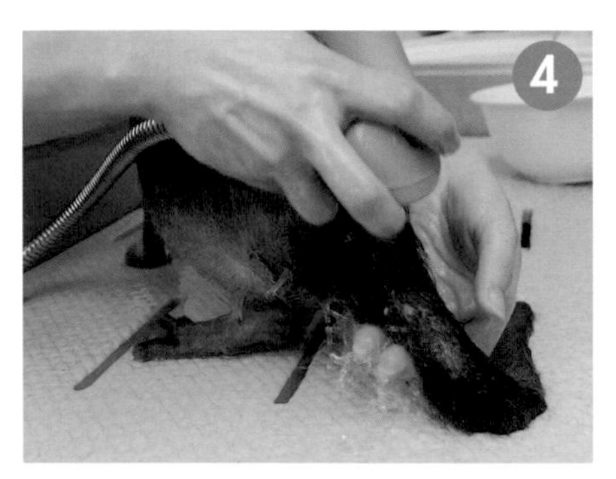

下半身▶沖洗包含後腳、尾巴在內的下半身。大腿內側等結構複雜的部位，也要用蓮蓬頭抵住徹底沖洗，避免洗毛液殘留。

洗澡時千萬別忘記「擠壓肛門腺」

貓的屁股有個叫作「肛門腺」的分泌器官，這裡的分泌液要是堆積在「肛門囊」裡，就會導致搔癢和發炎。洗澡前正在幫貓咪淋濕身體時，要先擠壓這裡。把肛門看作時鐘的話，要捏起4點和8點的位置往上擠，若是噴出發臭的茶色分泌物，就要立刻用水沖掉。

乾燥

雖然有貓種的分別，但大部分的貓都是雙層披毛（參照p.116），內側的底層毛很不容易乾燥。洗完澡後，貓咪會自行甩動身體、把水甩掉，之後飼主再用毛巾乾擦，幫牠確實擦乾。有些貓會怕吹風機，甚至會驚慌失措，所以飼主要多加注意。

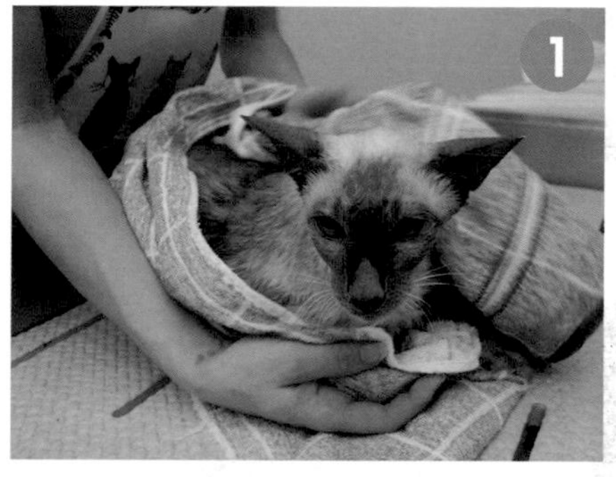

等貓甩動身體、把多餘的水甩掉後，再用浴巾包住全身，不要用力搓，而是以輕拍的方式大致擦乾水氣。

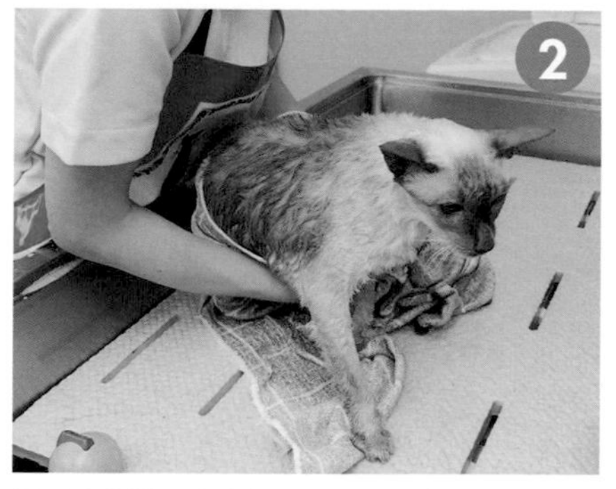

用毛巾乾擦要由上往下，才能讓水分往下流。先從臉開始，將毛巾蓋在手指上擦拭，注意別忘了擦乾耳朵入口附近的水分，接著再慢慢往下半身擦。

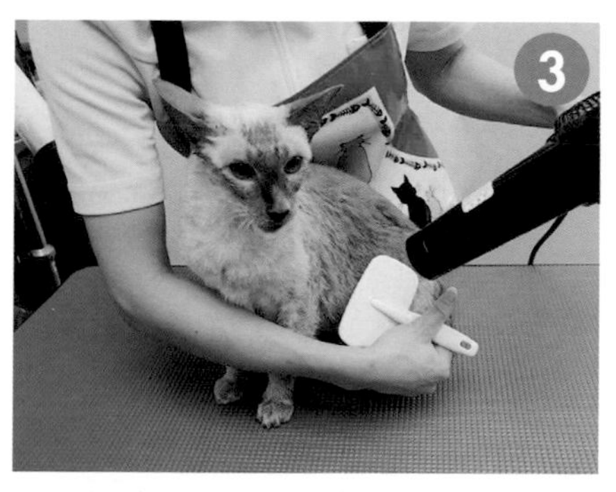

用吹風機和針梳做最後的乾燥工作。吹風機如果用熱風，就要設定為最弱的模式。若是高溫季節，直接用冷風也沒問題。注意風力不要調得太強。

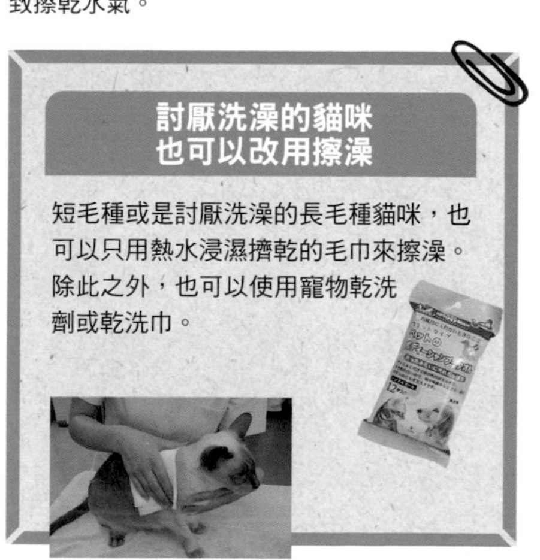

討厭洗澡的貓咪也可以改用擦澡

短毛種或是討厭洗澡的長毛種貓咪，也可以只用熱水浸濕擰乾的毛巾來擦澡。除此之外，也可以使用寵物乾洗劑或乾洗巾。

剪爪

貓咪銳利的爪子會抓傷家具和牆壁，或是在嬉鬧時抓到人類。此外，爪子太長的貓咪在玩耍和走路時，可能會勾住地毯和窗簾，相當危險。剪爪子的週期會因個體而異，飼主最好定期檢查貓咪的爪子狀態，一旦過長就幫牠修剪吧。

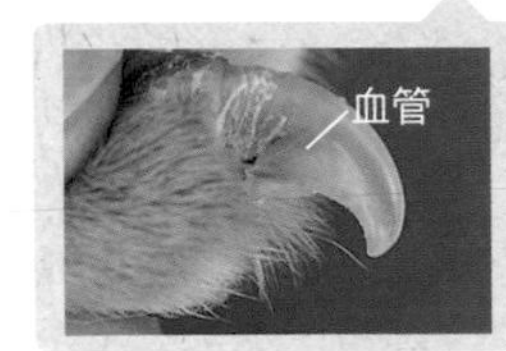

千萬要小心別剪到血管喔！

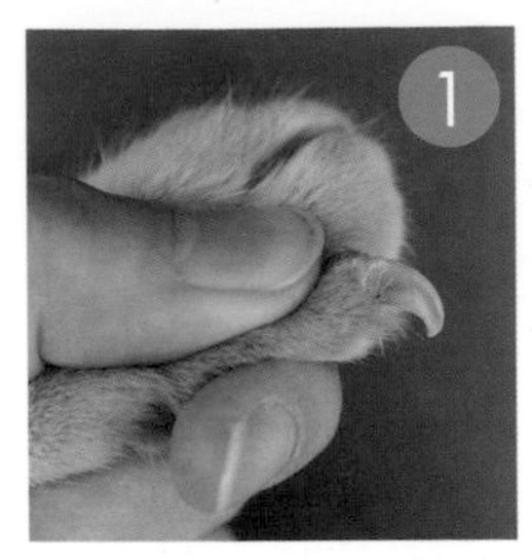

把貓咪的身體夾在人類的雙腿間，或是抱著壓制好，以免貓咪亂動。用拇指和食指夾住要剪的那隻腳趾，輕輕壓住往外推、讓爪子確實露出來。

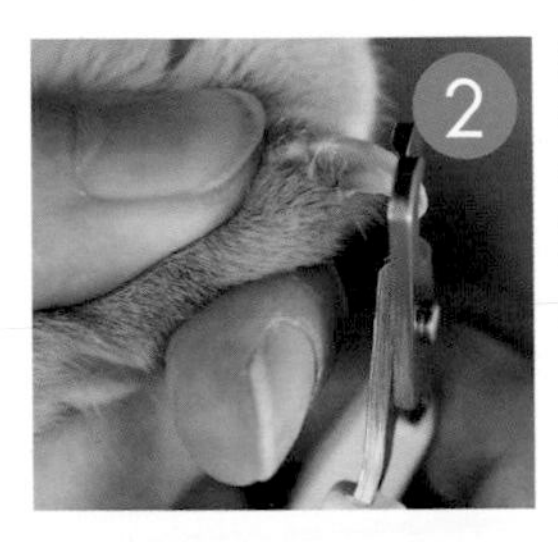

靠近根部的粉紅色部分有神經和血管，注意不要剪到那裡，保留一小段爪子、只剪去末端白色的部分。

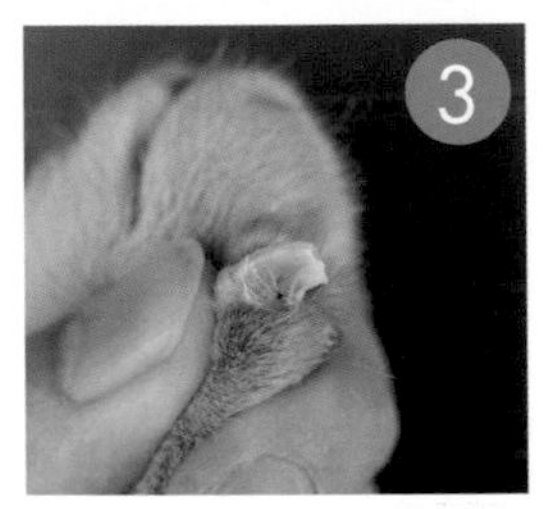

剪到這種程度就可以了！

狼爪也要記得剪

狼爪是指長在貓咪腳底內側稍微偏上方的爪子。這裡要是長得太長，可能會勾住地毯，所以修剪爪子時千萬別忘記剪這裡。剪法就和其他的爪子一樣。

剪爪用具

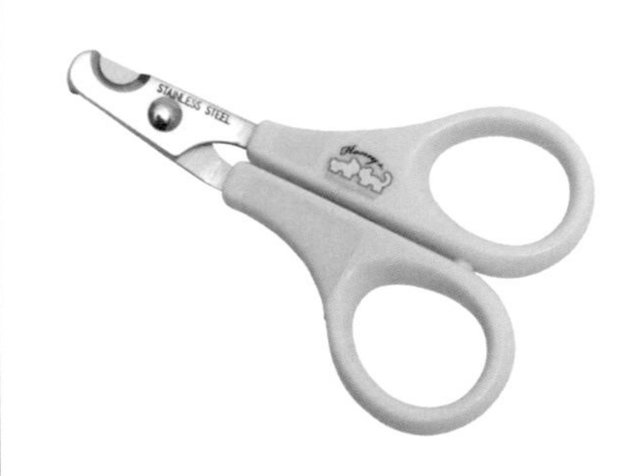

指甲剪

這是寵物專用的工具，修剪時不會讓爪子破損或是龜裂。人類用的指甲剪可能會把爪子剪得太深，千萬不要使用。

刷牙

為了預防貓咪口腔內的問題，最好要養成刷牙的習慣，用牙刷、齒垢清潔紙、濕紗布等用品幫牠去除髒污。如果貓咪不願意打開嘴巴、討厭被人觸摸口腔和嘴巴周圍，也可以給牠有潔牙效果的玩具。不過為了避免這種情況，最好還是從奶貓時期就訓練牠張開嘴巴（p.61）。

用牙刷潔牙

抬高貓咪的臉，手指翻開牠的嘴唇、露出牙齒，按照門牙→臼齒的順序快速刷牙。也可以選擇人類嬰兒用、刷毛間隔較窄的牙刷。

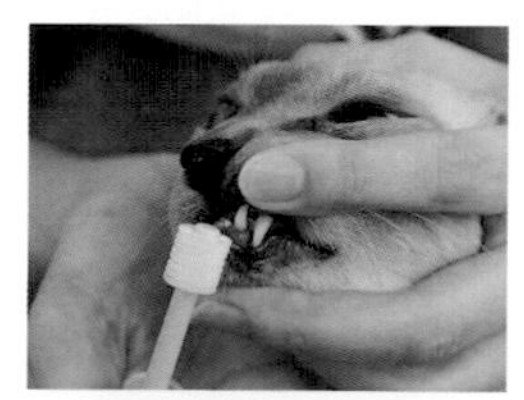

門牙

注意尖銳的牙齒，小心刷牙。

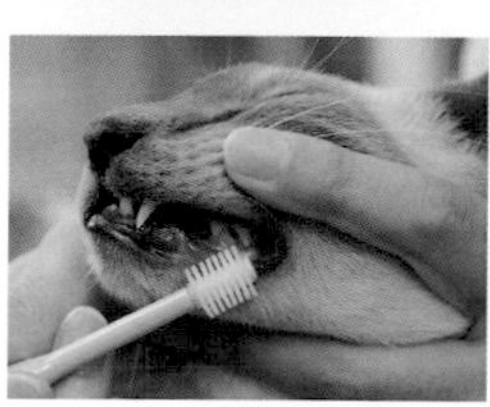

臼齒

千萬別勉強貓咪張嘴，只要翻開嘴唇就能看見臼齒了。

用齒垢清潔紙

如果貓咪討厭牙刷，也可以將齒垢清潔紙、沾濕的紗布或毛巾捲在指尖幫牠擦拭牙齒。

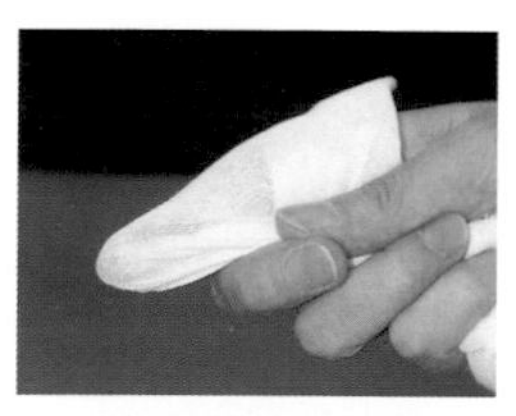

1 將潔牙紙（紗布）緊緊捲在手指上。

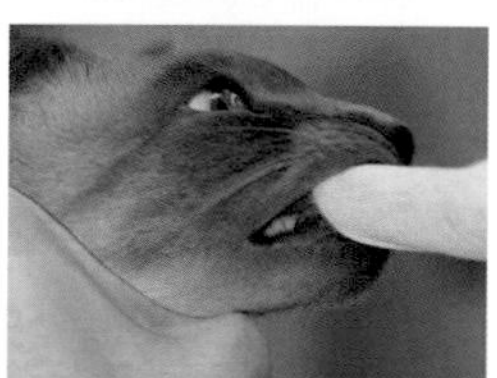

2 擦拭每一顆牙齒。

牙齒、口腔的疾病可參照p.168

潔牙用品

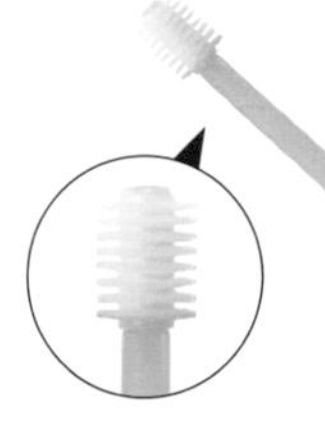

牙刷

握柄尖端有一圈柔軟的極細刷毛，好刷的360度設計，可以確實刷掉牙縫和臼齒的髒污。

液體潔牙噴劑

直接往貓咪口腔內噴2～3次，或是噴濕紗布後用來擦拭牙齒。
如果貓咪討厭刷牙，也可以滴在飲用水裡讓貓咪喝。

擦拭眼周

貓咪的淚液和眼屎若是放著不處理，就會黏著在眼周、不易清除，變成「淚痕」，可能會導致眼睛四周的毛變色。而且，一直保持濕潤的毛也可能會引起皮膚炎。貓咪和人類一樣，平常會多少分泌一點眼屎，但是當眼屎變多或是呈現黃色時，就要趕緊就醫。飼主要勤加檢查貓咪的眼睛，幫牠做好保養喔。

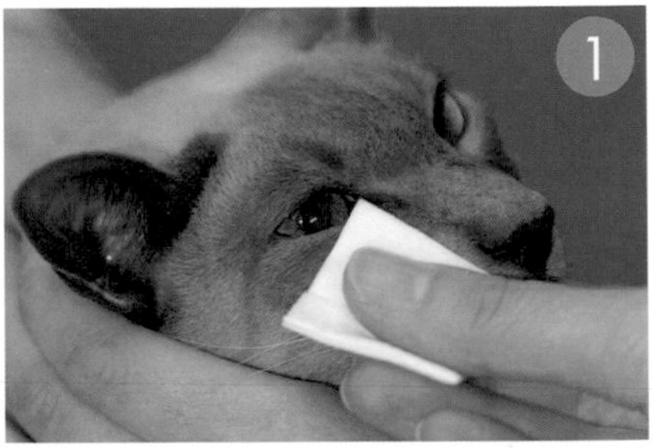

用清水或溫水沾濕棉片，稍微擰乾後，手按在貓咪的頭後方，用棉片從眼頭到眼尾輕輕擦拭。紗布的質地較粗，不適合用來擦眼睛，建議不要使用。

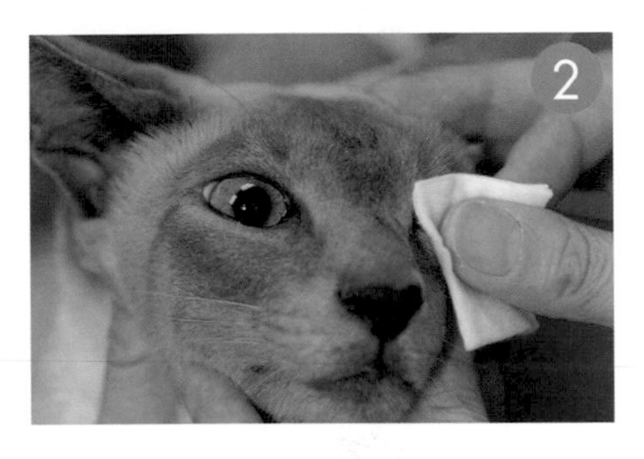

當棉片擠出水後，順勢擦掉附著在眼周的髒污。

眼睛的疾病可參照p.168

清潔耳朵

貓咪的耳朵是健康的指標。耳朵可能會感染耳疥蟲或外耳炎，所以飼主一定要定期檢查。大約每2週確認一次貓咪的耳朵內側是否變黑、有沒有藏污納垢。如果耳朵異常骯髒、散發異味、因為抓癢而受傷或化膿，要及早就醫診治。

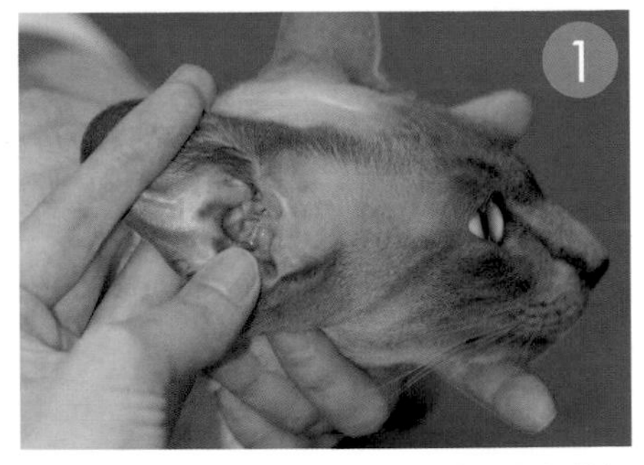

翻開耳朵，檢查狀態。如果堆積了黑色的污垢，就用清水或溫水（或是專用清潔劑）輕輕擦拭，再用捏緊的棉花團清乾淨。

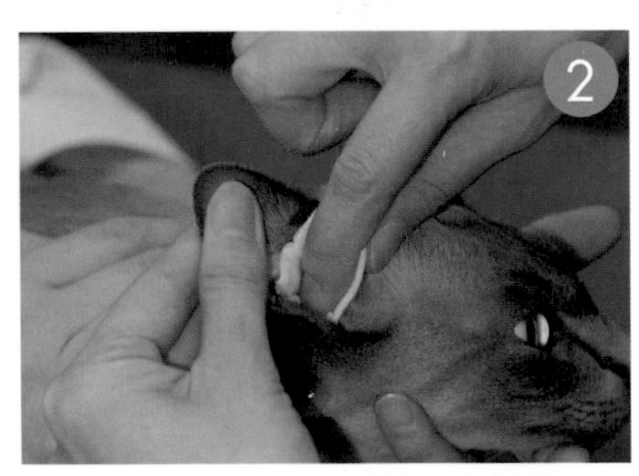

注意不要讓棉花過度深入耳朵，同時擦掉污垢。紗布的質地較粗糙，建議還是使用棉花。棉花棒可能會過度深入、弄傷耳朵，最好避免使用。

耳朵的疾病可參照p.169

6章

維護貓咪健康的飲食

飼主必須知道的貓咪飲食常識

人類的食物可能對貓咪有害

人和貓所需要的營養比例不同，消化功能也不一樣。有些食品讓貓吃了以後，可能會導致消化不良或中毒等症狀，所以千萬不要餵貓吃人類的食物。

要是給貓咪稍微嘗了一點人類食物，牠可能會記住那個滋味並且索求更多，結果就再也不願意吃貓飼料了。貓的飲食最高原則，就是只能提供高品質的貓食（貓飼料的挑選方法&餵食方法可參照134～139頁）。

貓咪吃了會導致腹瀉等症狀的食物

會導致腹瀉等症狀的食物

- □ 蝦、螃蟹、花枝、章魚、貝類
- □ 人類喝的牛奶
- □ 菇類
- □ 蒟蒻
- □ 酪梨
- □ 生肉、生魚
- □ 油炸用油　等等

這些食物都容易造成貓咪消化不良，最好不要餵食。生肉還有細菌和寄生蟲的危險。有些貓咪很喜歡舔油吃，要多加注意！

關於奶貓的飲食基本可參照p.62～63

貓咪吃了會中毒的食物

吃了會中毒的食物

□蔥類
（洋蔥、長蔥、韭菜等）
⇒這類蔬菜含有會破壞紅血球的成分，會引起貧血和血尿。添加洋蔥的漢堡排等加工食品、添加高湯的食物都要避免。

□巧克力等可可類
⇒可可會引起腹瀉、嘔吐、異常興奮、抽搐等症狀。咖啡等含有咖啡因的食品也要禁止。

□有毒植物
（杜鵑花、鈴蘭、烏頭花、柊樹、茉莉花、百合、藍鈴花、牽牛花、多花紫藤、秋水仙等）
⇒這些都是會造成貓咪中毒的植物，千萬不要裝飾、擺放在室內。

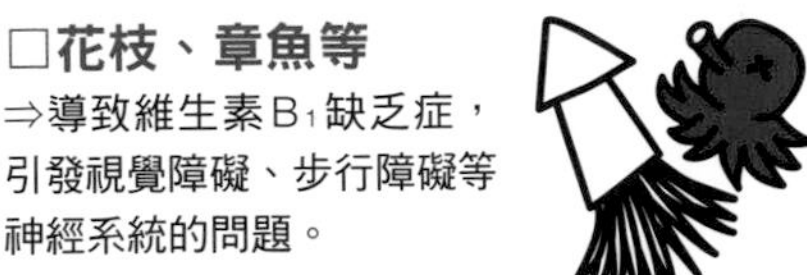

□花枝、章魚等
⇒導致維生素B_1缺乏症，引發視覺障礙、步行障礙等神經系統的問題。

□堅果類（杏仁等）
⇒原因出在氰化物，會引發抽搐等症狀。

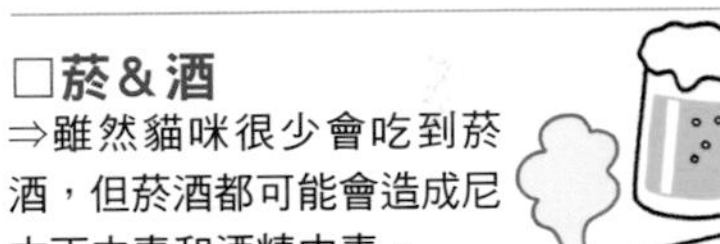

□菸＆酒
⇒雖然貓咪很少會吃到菸酒，但菸酒都可能會造成尼古丁中毒和酒精中毒。

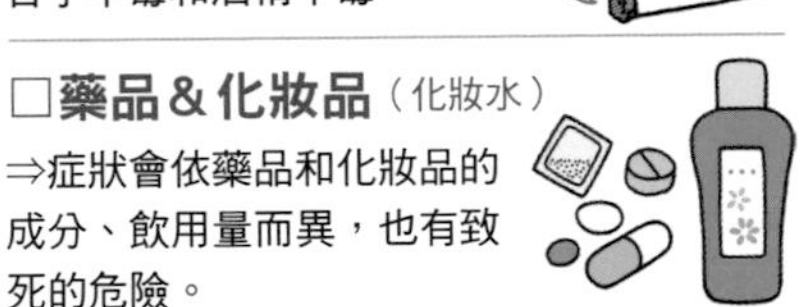

□藥品＆化妝品（化妝水）
⇒症狀會依藥品和化妝品的成分、飲用量而異，也有致死的危險。

□葡萄乾＆葡萄
⇒尤其是外皮，吃下去會造成腎功能障礙。

過量食用有害健康的食物

- □ **人類用來增加滋味的食品（砂糖、鹽、調味料等）**
- □ **高糖分的食品（蛋糕、零食等）**
- □ **高鹽分的食品（火腿、香腸、零食等）**
- □ **高油脂的食品（培根、火腿等）**
- □ **牛肉、牛肝**

⇒ 比方說，火腿的鹽分是貓食（綜合營養飼料）的好幾倍，要是持續餵食，會對貓咪的身體造成負擔。含有較多糖分和油脂的食品也會造成肥胖。

Q 可以餵貓咪吃我親手做的鮮食嗎？

A 手做鮮食很難達到營養均衡

貓原本是肉食性動物，只要牠看上人類的食物，就會忍不住吃下去。以前的日本人都是將剩下的飯菜、白飯撒上柴魚片做成「貓飯」餵給貓吃，但是這對貓咪來說鹽分、糖分、油脂都太多了，會有營養失衡的問題。

此外，也有人是基於想要給愛貓吃安全又美味的食物，而親手做鮮食餵貓吃。但若是飼主不具備專業的營養知識，貓咪很難只靠手做鮮食攝取到均衡的營養。

當貓咪生病時，就必須餵食療養用的飼料，所以最重要還是一開始就讓貓咪習慣吃貓飼料。

Q 可以給貓咪舔木天蓼嗎？不會中毒嗎？

A 重複提供也沒問題

木天蓼是藤本植物，貓會對它散發的氣味產生反應。裡面所含的「木天蓼內酯」、「獼猴桃鹼」等成分，會麻痺貓的中樞神經，使其情緒亢奮。一般來說，公貓會比母貓要更容易產生反應。

市售貓咪玩具的木天蓼含量非常少，不至於導致貓咪亢奮，頂多能讓貓放鬆。它不像菸酒一樣會成癮和中毒，不必擔心會有後遺症或致病，重複提供也沒問題。不過要是持續提供，會讓貓咪一直處於微醺的狀態，所以建議還是偶爾提供就好。

Q 貓咪吃乾飼料會比手做鮮食更長壽嗎？

A 依手做鮮食的材料而定

手做鮮食是否比飼料更營養，要依材料而定。如果手做鮮食能夠滿足貓咪需要攝取的營養素，那就沒有關係；但若是像以前的人一樣，只給貓吃白飯淋味噌湯，或是魚類，貓咪可能會因為營養不良而罹患維生素缺乏症等疾病。不僅是乾飼料，標示「綜合營養配方」的市售貓食，都符合寵物食品公正交易協議會的標準，可以讓貓確實攝取到所需的營養素（參照p.135）。

Q 提供礦泉水會導致尿路結石嗎？

A 要避免提供硬水

有些礦泉水裡的硬水，含有較多會造成尿結石（參照p.164）的鎂、鈣，最好儘量避免讓貓每天飲用，尤其是公貓。日本原產的天然礦泉水大多是軟水，鎂和鈣的含量並不算多。如果要讓貓喝水的話，只要選擇日本產的軟水或自來水就可以了。

Q 可以給貓吃零食嗎？

A 基本上不要；偶爾當作獎賞就好

貓本來就不需要點心零食。但寵物店裡都會賣各種加工品做成的貓用零食嘛，如果是只讓貓咪偶爾享受一下的程度倒還無妨，但僅限於提供貓專用的零食，並且要注意不能過量，以免造成肥胖。可以為了加深貓咪與飼主的溝通交流而給零食，或是在貓咪克服討厭的打針、剪爪子等任務後給零食當獎勵，把零食作為偶爾才有的樂趣，才更有獎賞的效果。

點心♡

狗狗的「益智玩具」也能給貓咪使用嗎？

為了幫狗排憂解悶、消除壓力，有一種能藏起飼料讓狗狗找出來吃掉的道具，叫作「益智玩具」，可以把飼料放進去，狗狗必須花心思去玩才有得吃。如果貓咪很容易吃太多，或是缺乏運動時，也可以嘗試這種作法。不過一般來說，貓咪並不會吃到超過自己所需的分量，也常常隨心所欲起居入睡，很少會有感到無聊煩悶的時候，所以也不必強迫貓咪一定要玩這個。

這是在按壓、轉動後，飼料就會從洞口掉出來的玩具，貓咪可以動動頭腦玩耍，同時吃到飼料。洞口數量和大小都可以調整，控制難度。

各種用途的貓食挑選方法

可攝取到均衡營養的主食「綜合營養飼料」

貓食有琳瑯滿目的產品，依不同的目的，大致可分成三類。

首先是可以均衡攝取貓咪所需的營養、作為主食的「綜合營養飼料」。只要和符合規定的水量一同提供，貓咪就能均衡攝取維持健康、成長所需的營養。綜合要隨著貓咪的成長適時切換。

貓咪出生半年內屬於快速成長期，之後直到一歲左右則是顯著的成長期。在這段時期，要給貓吃營養價值很高的飼料（其他分類的貓食可參照135、136頁）。

幼齡	成年	高齡	高齡 Plus	高齡 Advanced
出生12個月以下的幼貓用	1～6歲左右的成貓用	7歲以上的高齡貓用	11歲以上的高齡貓用	14歲以上的高齡貓用

◀還有濕糧式的綜合營養罐頭

p.134～135所有產品皆為日本希爾思公司出品

依主食以外的目的製作的貓食

這主要是指作為副食提供的食物，以及依照營養管理和飲食療法等有限的目的而提供的食物。

作為副食的食物通常會標記為「一般食品」，這就相當於人類所說的「配菜」。人類也需要配菜加上主食一起食用，才能均衡攝取營養；同理，貓咪只吃一般食品，會導致營養失調。一般食品終歸只是配菜，最好配上綜合營養飼料一起食用。

此外，用於調節特定的營養成分、補充熱量的「營養補給配方」，還有為生病寵物做飲食管理的「特殊處方食品」，都需要在獸醫師的指導下提供。

尿道護理
處方食品

消化系統護理
處方食品

腎臟病護理
處方食品

貓食外包裝上可以確認的重點

- ☐ 目的（「成貓用綜合營養飼料」等）
- ☐ 容量
- ☐ 餵食方法（分量基準）
- ☐ 保存期限
- ☐ 成分標示
- ☐ 原料
- ☐ 原產國　等等

総合栄養食【キャットフード】
この商品は、ペットフード公正取引協議会の承認する給与試験の結果、成猫用の総合栄養食であることが証明されています。
AAFCO（米国飼料検査官協会）の成猫用給与基準をクリア
PE,PET

貓食的檢驗機構主要有美國的「AAFCO（美國飼料管理協會）」，和日本的「寵物食品公正交易協議會」。符合這些機構的營養基準規定的寵物食品，都會標記在飼料的包裝上。

＊依照日本寵物食品公正交易協議會的分類

偶爾當作獎賞的零食（點心）

綜合營養飼料以外的食品，也就是所謂的「點心」，有起司、燒烤魚條、海鮮乾貨、半生熟食品、餅乾等琳瑯滿目的種類。但要是給貓咪吃太多零食，可能會造成肥胖，所以建議當成獎賞，只在特別的場合下餵食就好。

給貓咪吃過零食後，正餐就要調整成減去零食的分量。而給予的零食分量最好控制在每日正餐的一〇～二〇%以內。

起司型

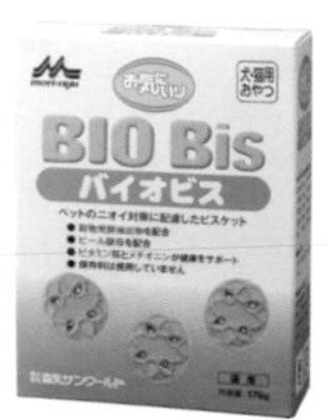

餅乾型

燒烤魚條型

貓咪出生約3週後，開始學吃柔軟的離乳食品

當貓咪出生已經滿3週後，就要開始供應除了母貓母乳和貓用奶粉以外的離乳食品，讓牠慢慢習慣進食。不過，離乳食品需要做得非常柔軟才行，可以在奶貓用的飼料裡加入溫水、調整硬度。起初先從泡軟的飼料開始，後續再逐漸減少水量，讓飼料慢慢回歸固體。在貓咪吃離乳食到大約第6週後，就可以切換成固體的飼料了。

離乳食品的作法

按照右記比例調配

乾糧（搗碎）

濕糧

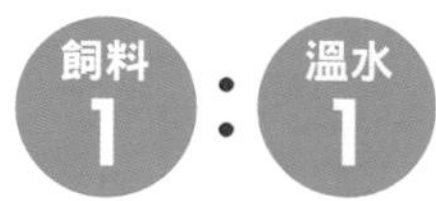

乾糧～濕糧 會依含水量分成三類

貓食可依照水分含量多寡，分為乾式、半乾半濕式（半生），以及濕式飼料。

乾糧的特色是大部分都是營養均衡的好產品，再者，從保存方式、衛生方面等條件來看，也都方便飼主管理和處理。坊間一般常見的綜合營養飼料大多數也都是乾式。

水分含量比乾糧多的濕式與半乾半濕式貓食，比較符合貓咪的喜好，口感和滋味都更好，所以貓咪往往很愛吃。不過，這類貓食很多都不是綜合營養食品，不能當作平日的主食。

依含水量不同來分類

乾式、軟式	半乾半濕式	濕式
水分量 10～35%左右（乾乾）	含水量 25～35%左右（半生）	含水量 75%左右（罐頭、軟罐頭等）

Q 我家貓咪只肯吃濕糧，我應該幫牠換成乾糧嗎？

A 如果貓咪實在不愛吃乾糧，就不必勉強更換

飼料的喜好會因貓咪而不同，很多貓都只願意吃濕式或乾式飼料。

市售的貓食包裝上，只要標示了「綜合營養配方」之類的字眼，不論是濕式還是乾式，營養價值都一樣。如果貓咪只願意吃濕糧，也沒有必要強行換成乾糧。不過最好還是趁奶貓時期，讓貓咪習慣吃所有類型的飼料，日後需要緊急時將貓咪託付在某處，或是遇到災害避難情形時，才不必擔心食物的問題

餵食次數＆分量的規則

進食次數要隨著成長減少

奶貓的消化器官尚未發育完成，無法一次吃下太多分量，所以要將一天應吃的分量分成多次餵食。如果奶貓長時間未進食，很容易會出現低血糖的症狀，要多加注意。

針對剛來到家裡的奶貓（出生約兩個月），要將一日所需的分量分成三～五次餵食。出生未滿四～五個月的貓咪體型都還很嬌小，要持續一天三～五次的進食規律，等到滿六個月左右再逐漸減少進食的次數（參照下表）。

等到貓咪滿十～十一個月大後，再從高熱量的奶貓用飼料換成成貓用的飼料。餵食次數從一歲左右開始為基準，慢慢換成每天兩次、早晚各一餐。

月齡和進食次數的基準

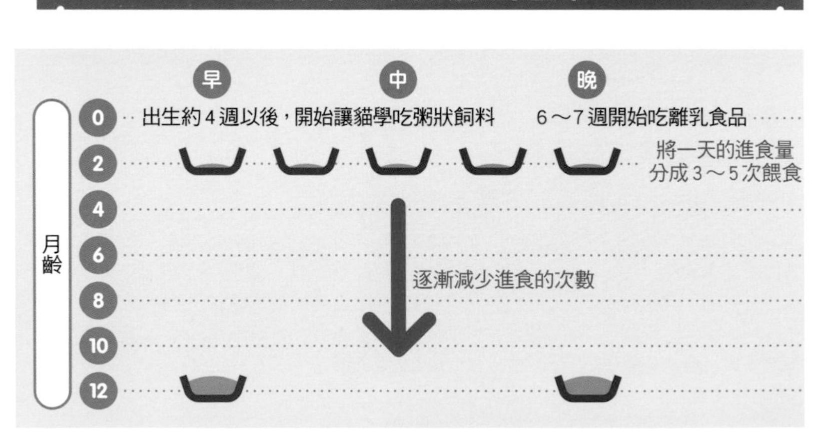
早
中
晚
月齡
0
出生約 4 週以後，開始讓貓學吃粥狀飼料
6～7 週開始吃離乳食品
2
將一天的進食量
分成 3～5 次餵食
4
6
逐漸減少進食的次數
8
10
12

飼料的分量要依年齡和體重來計算

貓咪一天的飼料分量，要根據年齡（月齡）和體重來決定，並且以飼料外包裝標示的建議分量為基準。

不過，有時候即使給了建議的分量，但貓咪卻兩三口就吃完、還繼續舔食盆，這就代表分量不足。成長期的奶貓代謝速度很快，所以必須讓牠吃得足夠。這種時候，可以從下一餐裡預支一成的分量，觀察貓咪進食的狀況。畢竟吃太多會導致消化不良、腹瀉，所以重點在於每一餐少量增減。

在貓咪三個月大以前，體重會一直增加，但是到了四~五個月大以後，成長幅度就會逐漸趨緩，進食量也會變少。十~十一個月大的貓咪，體格已經差不多發育完成，在這之後增加的體重只是單純的變胖而已。為了避免貓咪發胖，幫助牠控制食量非常重要。

餵食量的標準範例

（每日平均公克數）

幼貓　＊餵食希爾思幼貓雞肉特調食譜

	體重	0.5kg	1kg	1.5kg	2kg	3kg	4kg	5kg	6kg	7kg
量	～4個月	30	50	65	85	110	140	165	－	－
	4～6個月	25	40	55	70	95	115	135	155	175
	7～12個月	－	35	45	55	75	95	110	125	140

成貓　＊餵食希爾思成貓雞肉特調食譜

	體重	2kg	3kg	4kg	5kg	6kg
量	1～6歲	35	45	60	70	80

COLUMN

要避免貓咪發胖！

貓咪肥胖是指比理想體重多15%以上的狀態。肥胖主因含餵食太多、缺乏運動、結紮或避孕、年齡增長等等。

貓咪一胖起來，糖尿病、心臟病、癌症、關節疾病等罹患風險都會升高。飼主要時常檢查貓咪是否發胖，若確定發胖，要儘快幫牠減肥、回歸健康體態。

貓咪肥胖檢測

如果以下項目有一半以上都符合，就代表貓咪極有可能屬於肥胖。有疑慮可以找獸醫院諮詢。

- □ 體重比1歲時還重
- □ 經常吃人類的食物
- □ 飼主不曉得正確的體重
- □ 每天的進食量都不固定
- □ 不願意走路
- □ 已結紮或避孕
- □ 曾被人說過「圓滾滾的好可愛喔」
- □ 變得沒辦法任意上下台階
- □ 沒有腹部的凹陷和腰部曲線

避免發胖的重點

為了守護愛貓的健康，建議在與獸醫師諮詢後，實施下列事項，幫貓咪減重&維持適當的體重。

❶ 遵守固定的食量

進食量不能依貓咪現在（肥胖狀態）的體重，而是要依原本（適當狀態）的體重，提供相應的分量。

❷ 提供高纖低卡的飼料

❸ 儘量不要餵零食

如果需要提供，就選擇減重用的產品。

❹ 布置出可以讓貓咪適度運動的環境

❺ 定期記錄貓咪體重

❻ 減重期間，將一日的進食量分成3～4次提供

改成少量多餐，可以讓貓咪忘記飢餓感。

●減重用食品●

室內貓用

避孕、結紮貓用

●體重管理配方（代謝餐）●

減重療法用

7章

貓的健康管理&需要注意的疾病

隨時幫貓咪確認健康狀況

幫貓咪察覺不同以往的身體狀況變化！

貓咪無法表達出自己的身體哪裡不舒服，所以貓咪的健康管理是飼主的重責大任。只要平常仔細觀察貓咪的情況，就算只是一丁點變化也能夠察覺，像是「食慾好像比以前差」、「今天沒怎麼玩耍」等等，身為飼主要能夠立刻察覺這些小事。

當貓咪的反應與平常有異、身體狀況產生變化，都要立刻帶牠到獸醫院就診。最重要的是事先找到醫護人員都值得信賴、設備完善的醫院。

檢查貓咪是否有這些症狀！

眼睛

眼屎或淚液較多。充血。眼睛模糊睜不開。瞳孔泛白。瞬膜（p.147）外露。

耳朵

耳垢很多。散發出異味。不停抓耳朵或是搖頭。

口腔

有口臭。口水多。牙齦腫脹、嚴重泛紅。

皮膚、披毛

不停抓癢。有傷口或濕疹。披毛缺乏光澤感。異常脫毛。

鼻子

流鼻水。流鼻血。不停舔鼻子。打噴嚏。

腹部

有腫塊。摸起來觸感很硬。膨脹。

腳

拖著腳走路。抽搐。

肛門、生殖器

肛門、陰部、睪丸腫脹。肛門周圍很髒。出血。在地板上摩擦屁股。

貓咪身體狀況的檢查要點

為了及早察覺貓咪的身體變化，最重要的是從貓咪平常健康時，就要仔細觀察牠的食慾、排泄狀態、行為等等。

□有食慾嗎？

平常總是吃得津津有味的貓突然吃不下，很有可能是生病了。

□有精神嗎？

如果貓咪一直躲起來趴伏著、沒有活動的話，要趕快就醫。

□是否正常排尿和排便？

要觀察貓咪排尿的量和次數，確認牠有沒有腹瀉或便祕。

□是否大量飲水？

如果有腎功能異常或糖尿病，貓咪就會大量喝水。

來了解一下貓咪的身體基本數據

在貓咪身體狀況良好的時候，為牠測量體溫、脈搏、呼吸次數吧。
只要掌握貓咪正常時的身體數據，當牠身體有異時就能發現差別，
可以及早就醫診治。

●測量脈搏

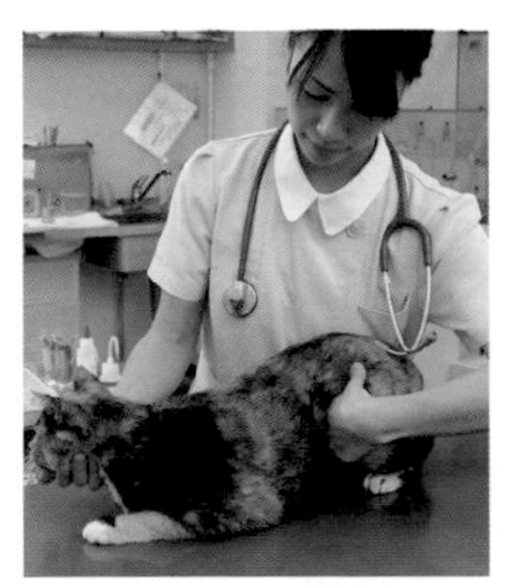

讓貓咪坐下，將食指到小指的四根手指插入貓的後腿根部，找出可以摸到脈搏的位置（大腿內側）測量。脈搏次數平均為1分鐘110～130次。

●測量呼吸次數

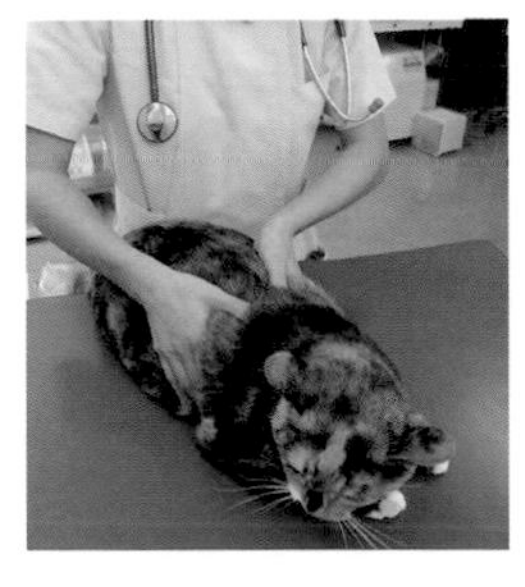

雙手插入坐著的貓咪胸部到腹部間，用手掌包住牠的身體，身體上、下起伏算1次。貓咪安靜時，呼吸次數平均為1分鐘20～30次。

●量體溫

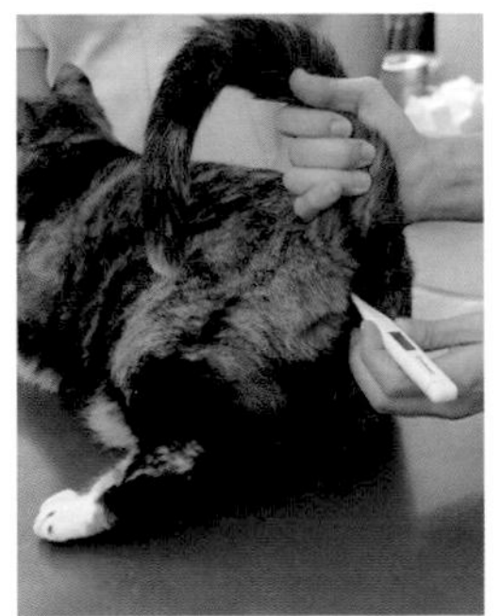

輕輕拉起貓咪的尾巴，將用水或油沾濕末端潤滑過的溫度計，插進肛門約2～3㎝處測量。貓的正常體溫通常比人類高一點，約38～39度左右。

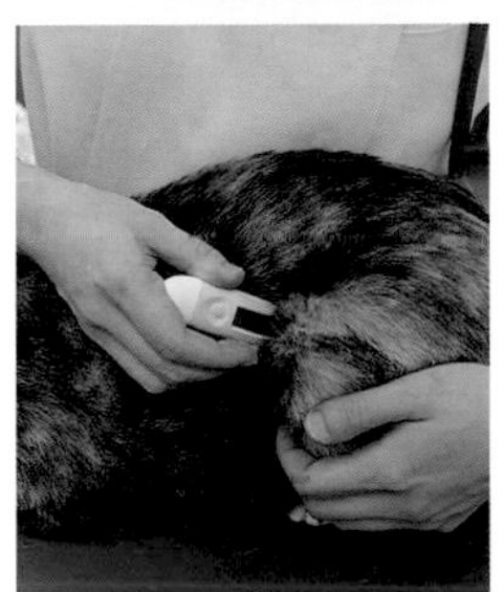

也可以把溫度計插到後腳根部來測量，但這裡測到的體溫會比肛門稍微低一點。

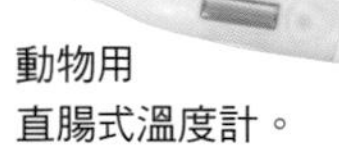

動物用
直腸式溫度計。

依季節分類 貓咪的養護月曆

每個月都要仔細養護

為了讓通常飼養在室內的貓咪，一整年都能過得健康有活力，重點就在於每個季節的健康管理。大眾普遍認為貓咪怕冷，但是近年夏季超過三十五度的酷暑，對貓咪來說也是非常嚴酷的環境。而且貓咪的年紀愈大，飼主就需要愈細心檢查和保養，這是維持貓咪健康的必備工作。大家可以參考每個月、每個季節的養護重點，整頓環境、照顧貓咪的身體，一起用心保護貓咪的健康吧。

3月

進入春天的換毛期。長毛種要根據掉毛的量，每天梳毛數次，短毛種每天也要梳毛一次。

4月

天氣轉好，身體狀況來到穩定的時期。未做過避孕手術的母貓通常會開始進入發情期，如果是養在室內，就要注意別讓貓咪跑出去。

5月

氣溫逐步上升，跳蚤等寄生蟲開始增加。室內貓要避免外出，注意不要接觸到戶外放養的貓，並且向獸醫師諮詢、充分做好預防工作。

6月

天氣轉向高溫潮濕，有食物中毒的疑慮，千萬不要放著吃剩的貓食不收。食盆也要在每次進食後清洗，使用乾淨的食盆盛裝下一餐。

7月

跳蚤的活動力最旺盛的季節。要勤加檢查貓咪的皮膚狀況，只要發現1隻跳蚤或糞便，就要徹底驅除。室內掃除也要徹底落實。

8月

飼主在炎熱的日子出門時，如果把貓咪關在悶熱的室內，可能會有中暑導致脫水的疑慮。即使讓貓咪看家，也要用心保持舒適的室內環境，為牠準備充足的飲用水。

冬

12月

這個季節常見的植物，像是聖誕紅、仙客來等等，貓一旦吃下肚，就會有中毒的危險。要注意別將這些盆栽放在貓咪身邊。

1月

要小心暖爐和電暖器這類暖氣用具造成的燙傷。人類用的電熱毯和暖桌，對貓咪來說可能會太熱，要注意避免低溫燙傷和脫水。

2月

天氣寒冷時，貓咪的飲水量會減少。記得檢查排尿的量和次數，用心準備水分含量較多的貓食。飲用水也可以換成溫水。

秋

9月

秋老虎持續發威，是貓咪容易因熱病而感到不適的時期。如果貓咪出現食慾不振、流鼻水等異常反應，就要及早就醫。

10月

進入秋天的換毛期。和春季一樣，要多多幫貓咪梳毛。有些貓會因為天氣變得舒適而食慾大增。要注意不能過量餵食，以免貓咪發胖。

11月

此時氣溫開始下降，空氣開始變得乾燥，是貓咪的身體抵抗力變弱的季節。病毒也很容易在空氣中傳播，因此要記得接種疫苗，以免貓咪得到傳染病。

出現這個症狀要注意！

檢查貓咪的身體狀況、及早察覺疾病

貓是很容易隱藏身體異狀的動物，等到飼主發現時，往往已經發展成重症了。最好平常就要參考第142～143頁的重點，檢查貓咪的身體狀況。如果發現下列症狀，可能就有患病的疑慮，最好要儘快就醫。

身體症狀

□ 排斥撫摸

有些貓平常就會排斥撫摸，但如果是突然抗拒飼主撫摸的話，那就要小心了。除了受傷以外，如果是肚子痛，那可能是有尿路結石。若貓咪不願意讓人摸嘴巴，可能是口腔炎；不願意讓人摸耳朵，就可能是中耳炎。

□ 腹部有腫塊

摸貓咪的腹部時，如果摸到較硬的地方，或是有局部軟彈的觸感，可能就是生病的警訊，一定要及早就醫。

□ 腹部膨脹

不可能懷孕的成貓腹部要是膨脹、腫大，可能是便祕或是脹氣，但也可能是生病。奶貓在正常狀況下，進食後腹部都會膨脹，但也可能是蛔蟲等疾病。無論如何，都可以先向醫院諮詢。

□ 脫毛

貓咪不停舔同一個部位、導致脫毛時，除了皮膚病以外，也可能是起因於壓力的心因性疾病。建議向醫院諮詢。

□ 嚴重搔癢

貓咪掉毛、皮膚發紅或有濕疹時，罹患皮膚病的可能性很高。不過也可能是跳蚤、蟎蟲、黴菌、過敏等各種因素。建議及早就醫。

□ 疑似發燒

先測量體溫（參照p.143），確認是否超過正常體溫，另外也要檢查是否有流鼻水、腹瀉、眼屎、流淚、流口水等症狀。這些症狀可以推測出很多種疾病，所以要立刻就診、將體溫告知醫師。

臉部周圍的症狀

□ 大量眼屎

貓咪淚液過多或是流出眼屎，可能是得了結膜炎。如果貓咪會揉眼睛，就要幫牠戴上伊莉莎白頸圈，以免症狀惡化，並且及早就醫。

□ 流口水

流口水可能是因為口腔炎，如果找不到原因，那也可能是因為某些因素中毒，要趕快就醫。如果貓咪曾經待過悶熱密閉的場所，那非常有可能是中暑。要先調低室溫、用冰枕幫貓咪冷卻身體，之後再就醫。如果是貓咪暈車，就先帶牠下車觀察約半個小時，如果能夠恢復，那就沒有問題。

□ 瞬膜外露

貓咪眼頭露出的白膜就是「瞬膜」，如果一直處於外露狀態，可能就是生病了。建議向醫院諮詢。

□ 流鼻水

流鼻水、打噴嚏，連帶分泌眼屎的話，可能是罹患了貓病毒性鼻氣管炎，也就是俗稱的貓感冒。最好上醫院診治。

□ 有口臭

可能是有牙周病或其他口腔疾病。當貓咪出現疑似難以進食的狀況，也可能是生病。最好趁惡化以前及早就醫診察。

異常症狀

□ 持續便祕

如果貓咪連續好幾天都沒有排便，就有便祕的疑慮。如果便祕已成常態，必須用飲食療法和投藥來改善。建議儘快就醫。

□ 大量飲水

貓是可以在體內有效率運用少量水分的動物，如果牠連日喝了比以往要多上很多的水，可能就是罹患了腎功能下降、糖尿病等各種疾病。

□ 疑似呼吸困難

貓咪呼吸困難，超過正常呼吸數20～30次／分鐘的時候，就要小心了。如果貓咪喘不過氣、呼吸聲很大，還有牙齦發青的時候，代表狀況緊急，要立即就醫。

□ 食慾不振

這是所有疾病都會出現的症狀，如果貓咪好幾天不進食，可能會引發肝臟脂肪病（p.163），千萬別繼續觀察，要儘快就醫。

□ 嘔吐

如果貓咪在進食後立刻吐出未消化的食物，可能就是吃太多了。貓也會吐出毛球（p.166）。可以先觀察情況，只要沒有繼續發生，通常就沒問題了；但要是貓嘔吐好幾次，或是進食一陣子後吐出已消化的液體，那就代表有異常。貓咪誤吞異物時，也會嘔吐好幾次。除此之外，要是貓咪口水流不停、吐不出來而顯得很痛苦的樣子，最好立刻帶牠就醫。

□ 腹瀉、血便、糞便夾帶異物

腹瀉、軟便、糞便夾帶血或異物、排便後沒有精神，這些狀況都要就醫。尤其是在奶貓時期，貓很容易變得衰弱，要趁症狀復發以前趕緊就醫。

不可不知的貓咪急救方法

緊急時刻的急救方法

貓咪受傷或是發生意外時，必須儘快送往有完善技術和設備的獸醫院。但是在送醫以前，最好還是先做一下急救處理，所以後面整理出飼主最好要知道的急救方法，以便在緊急時刻做出適當處置。

case_1

出血

輕微出血只要用紗布壓住傷口就能止血。處理後觀察約十分鐘，如果還是繼續出血，就壓著傷口、立刻就醫。人類用的消毒藥可能會導致貓咪血流不止，千萬不要自行使用。

case_2

骨折

儘量不要移動患部，立刻將貓咪送往醫院。由於貓咪非常疼痛，所以抱著貓咪時要小心別碰到患部。

case_5

抽搐

貓咪抽搐時，可能會口吐白沫倒下或失禁。身為飼主千萬不要恐慌，先注意別讓貓咪撞到家具等物品。等貓咪停止抽搐後，用毛毯包住牠，暫時仔細觀察牠的狀況。如果牠在抽搐後恢復平常的模樣，為了慎重起見，還是在門診時間內就醫會比較安心。到時要記得告訴醫生「是在什麼時間、什麼身體狀況下、如何發生抽搐的」。可以的話，用手機拍下抽搐時的影片給醫生看，有助於醫生診斷。如果貓咪連續抽搐5分鐘未停的話，或是暫時停止後又立刻開始抽搐，就要立刻緊急送醫。送醫途中貓咪可能會失控大鬧，所以最好將牠放入外出軟殼包，或是放入洗衣袋內帶去醫院。

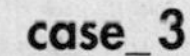

case_3

高燒

貓咪發燒的原因有很多，可能是得了傳染病、長了腫瘤、被咬傷等等。此外，身體不適而且免疫能力不好時，通常也會發燒。如果貓咪因發燒而精疲力盡，不必幫牠降溫也沒關係，總之儘快送醫。當體溫升高時，貓咪因畏寒而開始發抖的話，可以幫牠裹上毛毯保暖，並且趕快送醫。

case_4

燙傷

最重要的是立刻冷卻患部。要馬上用流水沖洗傷口降溫，在送醫途中也要用保冷劑隔著毛巾冰敷患部來冷卻。

case_6

中暑

在夏天炎熱的時期，貓也會中暑。在密閉的房間或冷氣不夠強的車內，都要特別小心。中暑導致貓咪體溫升到41度以上時，要調低冷氣的溫度，並且讓貓咪躺在不會被冷風直吹的地方，將毛巾包住的保冷劑敷在牠的腹部幫牠降溫。如果貓咪還能喝水，就立刻讓牠補充水分。用濕毛巾和保冷劑幫貓咪降溫的同時，要立刻帶牠去醫院。

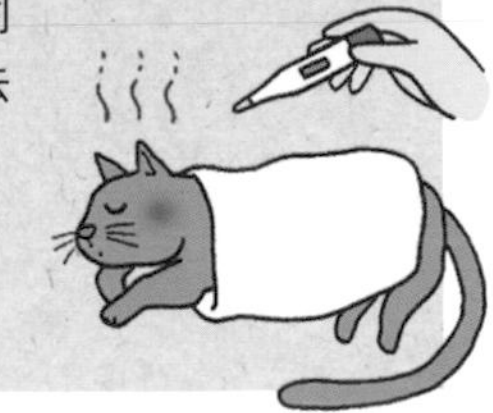

case_7

觸電

貓咪啃咬電線導致觸電時，人觸摸貓咪可能也會跟著觸電，所以要先拔掉插頭。如果貓咪已經昏迷且沒有呼吸，就將手掌貼在牠的左胸，檢查是否還有心跳。如果連心跳都停止的話，就幫牠做心肺復甦術（左頁），或是緊急送醫。

case_8

誤吞

當貓咪把異物咬進嘴裡時，要馬上打開牠的嘴巴，檢查東西是否吞了下去。如果還能取出的物品，就用手指伸進去拿出來。萬一已經吞下去了，異物會在幾個小時後進入腸內，所以要立刻送醫。

此外，貓咪經常會吞下繩狀的物體。一旦發現牠的肛門出現繩狀的異物時，千萬不要拉扯，這需要讓專業的獸醫師處理，請直接帶貓咪就醫。

繩狀物都要小心！

貓咪最喜歡繩子、緞帶這類柔軟細長的物品，但很容易在咬著玩的時候吞下肚，是貓咪最容易誤吞的東西。如果有類似的物品掉在地上，就要立刻撿起來，多加小心。

人工心肺復甦術的作法

貓因為觸電、溺水等意外而昏迷，處於心肺停止的狀態時，
如果還無法立即送醫，就要先做心肺復甦術。此外，即便是可以立即送醫的狀況，
只要人手足夠，最好還是在送醫的途中同時進行心肺復甦術。

1 檢查心臟是否還在跳動

讓貓咪的身體左側朝下橫躺，手掌貼在左胸，確認是否能感受到心臟鼓動。

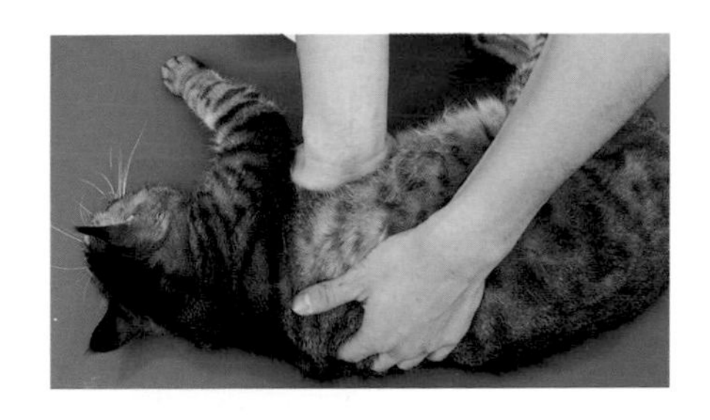

2 用握心臟的手勢插入身體下方

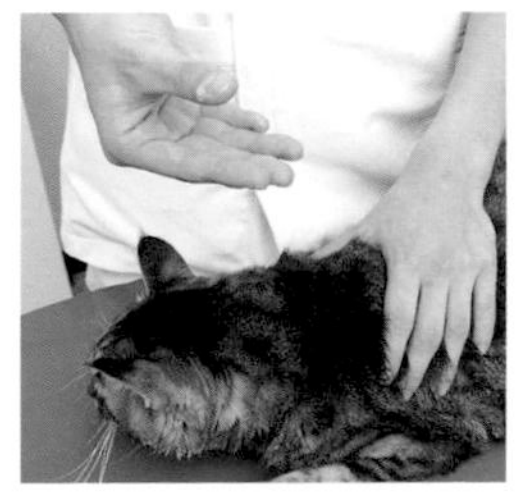

拇指在上、做出圖中的手勢，將拇指以外的4根手指插入貓咪左前腳根部下方，用夾住腳根部的感覺握住。

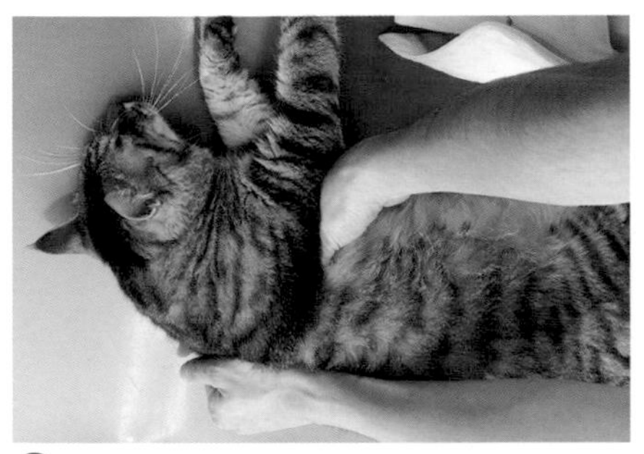

3 以捏心臟的方式按摩

以1秒1次的頻率，指尖施力握住貓的心臟。力道以可以將貓咪胸部下壓約3～4 cm的程度為準。持續按摩心臟2分鐘。

心臟按摩時的手部動作

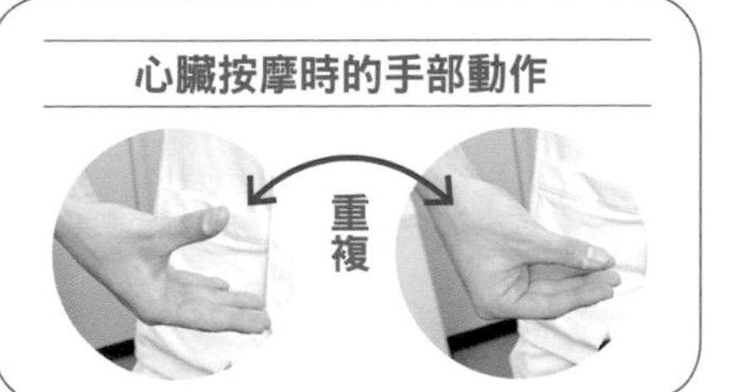

照片和影片都能幫助診斷

看診時，如果有用智慧型手機拍攝的照片或影片，就可以幫助獸醫師做出正確的診斷。比方說，糞便和嘔吐物裡含有病毒或細菌，如果冒然帶去醫院，可能造成院內感染。只要用手機拍下照片，獸醫就能確認內容物。當貓咪抽搐時，或是出現跟平常不一樣的舉動時，也可以拍成影片給醫師看。

如何妥善餵貓咪吃藥

掌握訣竅、讓貓咪好好吃藥

貓咪生病時，最重要的是讓牠確實服用醫師開立的處方藥。但是，為了餵貓吃藥而箝制牠的身體，會令貓咪感到非常抗拒。而且若是強行把藥塞進牠的嘴裡，牠也會全力抵抗。可以的話最好是由一個人固定貓咪，另一人餵藥，分工合作。如果實在沒辦法讓貓咪吃藥的話，也可以在就診時請獸醫師和護理師示範餵藥方法來確認。

餵錠劑

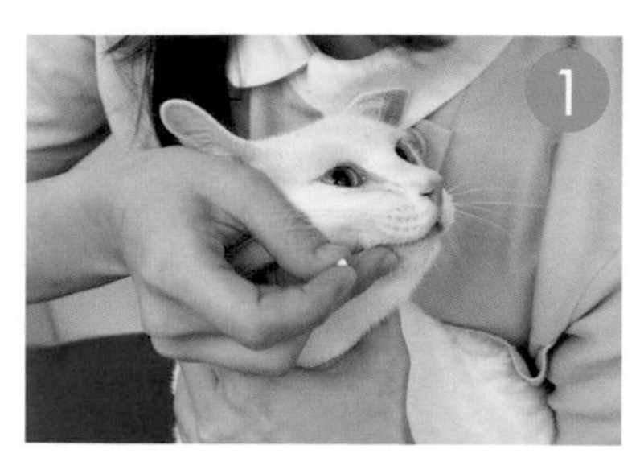

單手環住貓咪的脖子壓好，固定成臉部稍微抬高的狀態。另一隻手的拇指和食指夾著藥，中指翻開貓的上唇邊緣來撬開嘴巴。比起從正面，從側面下手會比較容易讓貓咪開口。

當貓咪的嘴巴張開後，就伸入中指頂開貓咪的上顎、讓嘴巴大幅張開，然後將藥塞入口腔深處。

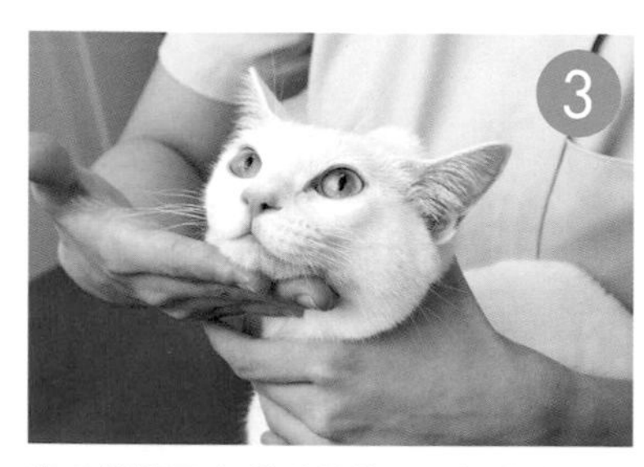

單手繼續固定貓咪的臉，用餵藥的手讓貓咪閉上嘴巴，同時輕搓牠的喉嚨，在牠把藥吞下去以前都別讓牠張嘴。重點在於2→3的動作要迅速，以免貓咪吐出藥錠。

當貓咪抗拒吃藥時，使用「餵藥零食（Pill Pockets）」會比較方便。這是用可食用的素材製成，中間有小洞，把藥塞進去讓貓咪吃下即可。

點眼藥水

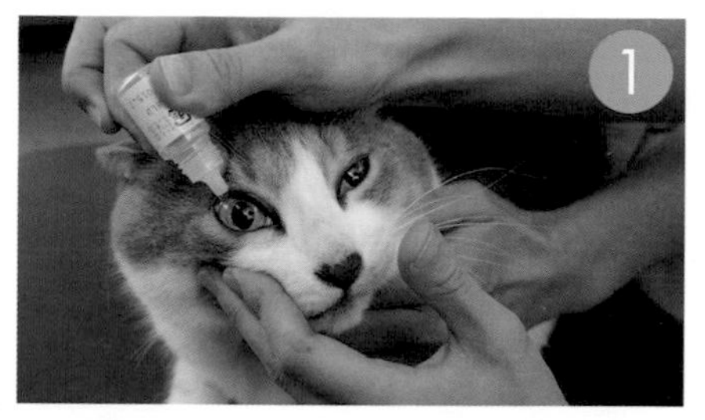

壓住貓咪的下巴、固定臉的位置（盡可能請別人一起幫忙）。拉高貓咪的上眼皮，別讓牠看見眼藥水的瓶口，從後方快速滴下藥水。

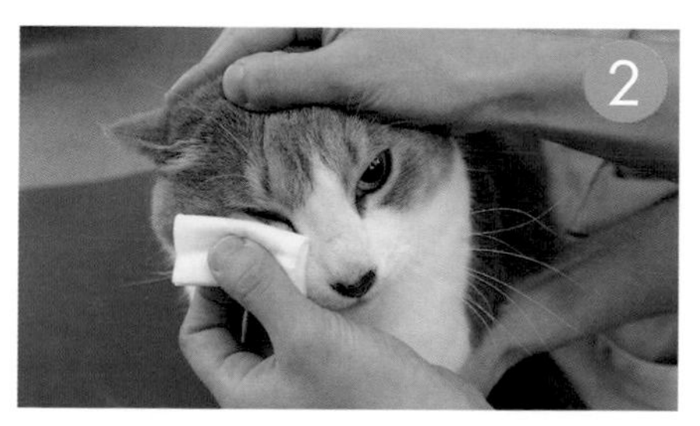

讓貓咪閉上眼，用棉片迅速擦掉溢出的眼藥水。紗布的質地較粗又硬，不要用來擦眼睛。

餵粉劑＆液劑

液態的藥水或是用水拌開的藥粉，都要用滴管或針筒抽取單次服用的劑量。單手從貓咪頭上抓住、固定牠的臉，另一隻手則是將滴管（針筒）插入貓咪的嘴巴側邊，把藥擠進去。如果藥量較多，要小心避免貓咪嗆到。

＊粉劑也可以混入半乾半濕的飼料裡餵食。不過要是飼料的味道因此改變，貓咪之後可能就不願意再吃了，所以要多加注意。

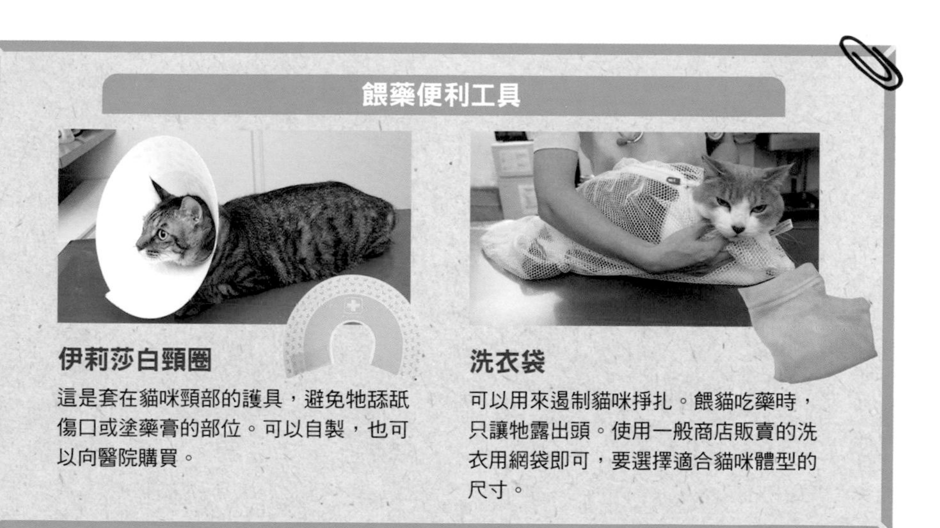

餵藥便利工具

伊莉莎白頸圈

這是套在貓咪頸部的護具，避免牠舔舐傷口或塗藥膏的部位。可以自製，也可以向醫院購買。

洗衣袋

可以用來遏制貓咪掙扎。餵貓吃藥時，只讓牠露出頭。使用一般商店販賣的洗衣用網袋即可，要選擇適合貓咪體型的尺寸。

挑選獸醫院和就診的重點

事先選好固定就診的醫院

為了守護貓咪的健康，要先選好固定就診的獸醫院。只要定期去該院預防接種和健康檢查，緊急時刻也會比較安心。

接奶貓回家以前，要查詢一下自家方便前往的獸醫院，也要確認門診日和營業時間。

就診時需要告知的事項和最好帶去的東西

就診時需要告知醫師的事項，只要在上醫院以前先筆記下來，到時候就不用著急了。

選擇醫院的重點

【基本篇】

- ☐ 除了疾病相關的知識以外，也願意指導餵食、訓練的方法
- ☐ 做檢查和預防接種時，會在執行前先詳細說明
- ☐ 獸醫師和護理人員願意聆聽問題、仔細回答
- ☐ 獸醫師和護理人員熟知最新資訊、用心提升技術
- ☐ 必要時，可以介紹專業度更高的獸醫院
- ☐ 院內整理得井然有序，設備完善
- ☐ 院內十分清潔，沒有散發動物的異味或氨臭味
- ☐ 住院病房的狗和貓不吵鬧，相當鎮定

【進階篇】

- ☐ 全年無休，亦開設夜間門診
- ☐ 多名獸醫師會共享資訊、進行團隊醫療
- ☐ 設有貓咪專用的候診室、診療室
- ☐ 會在官方網站或透過講座活動定期發布最新資訊

- □**症狀從什麼時候開始**
- □**狀況惡化到什麼程度**
- □**進食的時間、食量**
- □**排泄的狀態、排泄量**
- □**疫苗接種狀況**

這幾點都要能夠向醫師說明。

如果貓咪有腹瀉，就需要做糞便檢查。如果可以的話，最好帶貓咪最後一次排出的糞便到醫院。嘔吐物也可以帶去，或是拍照片作為診斷的依據。如果貓咪誤吞異物，就帶一樣的東西到醫院。此外，如果是抽搐等就診時未發作的症狀，事先用手機拍下貓咪發作時的情景，也能幫助醫師診斷（151頁）。

要加入寵物保險以因應緊急時刻

民間公司會針對貓咪醫療提供保險方案。醫療費可能會因為治療內容而變得非常昂貴，如果能先加入保險，發生意外時才能幫上大忙。保險的月費和內容各不相同，建議找實際買過保險的飼主諮詢，或是上網查詢評價，選購適合自家貓咪的保險方案。很多獸醫院也會提供寵物保險的資料，可以去確認一下。

寵物保險的確認重點

- □ 有沒有貓用的保險？
- □ 可加入的年齡範圍？
- □ 保障的內容有哪些？
- □ 保障的金額是多少？
- □ 月繳的費用是多少？
- □ 是否可中途解約？
- □ 是否能夠續約？

就醫時，一定要把貓咪放進外出籠裡。最好先訓練貓咪在候診室裡也能乖乖待在籠內。

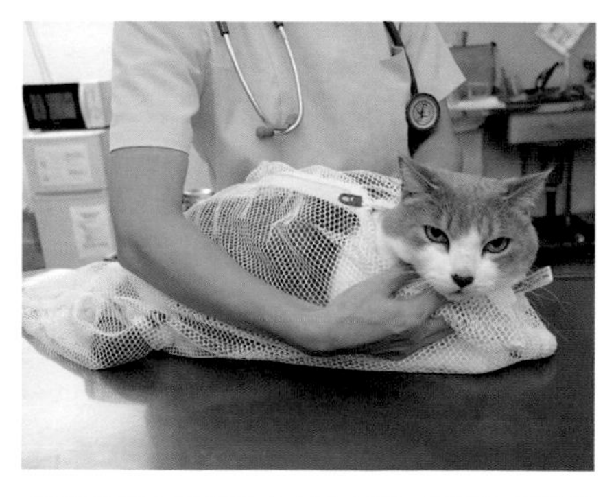

有些貓咪在就診時會大吵大鬧。只要先把牠放入洗衣袋內、侷限牠的動作，在打針或做其他處置時，才能安全又順利地執行。

接種疫苗，預防傳染病

一定要接種能預防貓咪得到傳染病的疫苗

飼主都希望可愛的貓咪可以一直健康活潑、長壽地活下去吧。而要保護貓咪的壽命和健康，最重要的就是綜合疫苗。

剛出生的奶貓體內，有喝母貓的母奶所得到的抗體，但是效力會在出生後兩個月半~三個月左右耗盡。因此，在這之前接種疫苗非常重要。

關於綜合疫苗的種類和接種時期，最好是和獸醫師諮詢後，訂立一份接種的計畫表。

疫苗的種類

病名	疫苗	3種綜合	4種綜合	5種綜合	單獨施打
貓病毒性鼻氣管炎（貓疱疹病毒感染）	FHV-1	○	○	○	
貓卡立西病毒傳染病	FCV	○	○	○	
貓泛白血球減少症（貓小病毒感染）	FPV	○	○	○	
貓白血病病毒傳染病	FeLV		△	△	△
披衣菌傳染病				△	
貓免疫不全病毒感染症（貓愛滋病）	FLV				△

○→核心　△→非核心

預防貓傳染病的疫苗，包含了①所有貓都應當施打的核心疫苗、②根據需求施打的非核心疫苗、③不建議施打的疫苗這3種。

室內飼養的貓得到傳染病的機率很低，或許有人因此認為不需要接種疫苗，但貓咪未必完全不會出門，況且從外面進來的人也可能會帶來病毒。不論是哪一種貓，都一定要接種最低限度的3種核心疫苗。關於非核心疫苗，需要根據貓咪的生活環境和感染風險，而接種不同的疫苗。建議飼主和醫師詳談，再決定要接種的疫苗。而不建議施打的疫苗，都是屬於WSAVA（世界小動物獸醫學會）未建議施打的疫苗。

預防接種分為一次施打多種疫苗的綜合疫苗，以及單獨施打的疫苗。

什麼是感染風險

得到傳染病的風險，會因為貓咪的飼養環境而有差異。在室內單獨飼養、不曾寄宿過寵物旅館這類感染機會很少的貓，屬於「低風險」；放養在戶外的貓、平常會外出的家貓、同時飼養多隻的貓、定期寄宿寵物旅館的貓，就屬於「高風險」。

理想作法是按照WSAVA建議的接種行程

疫苗的接種行程可以參考WSAVA（世界小動物獸醫學會）建議的指南，這是最安全有效的作法。不過這並不具強制性，為了確實保護貓咪的健康，只要充分理解內容、盡可能採取最理想的行程接種疫苗，就能放心。

【WSAVA疫苗注射指南】

第一年度從出生後6～8週開始，直到滿16週以前，每2～4週要接種一次。

↓

再接種（追加劑）要在出生後6個月或1歲時接種。

↓

之後，以每3年1次（低風險貓）／每年1次（高風險貓）的週期接種。

疫苗的接種行程（標準）

行程＼接種次數	第1次	第2次	第3次	第4次	追加接種	以後	1歲前的接種次數
理想的接種行程（WSAVA指南建議）	6週（出生1個月半）	9週（出生2個月又1週）	12週（出生3個月）	16週（出生4個月）	26週（出生6個月）或52週（1歲）	每3年	4次
ANIHOS寵物診所的接種行程	8週（出生2個月）	12週（出生3個月）	16週（出生4個月）		52週（1歲）	每3年	3次

上面的表格為奶貓的基本接種模式。WSAVA建議的接種行程，是在1歲以前總共接種4次。不過按照指南的方針，調整成負擔較小的3次接種，也具有充足的防護效果。
建議追加接種的疫苗稱作「追加劑」，追加接種的目的是提高更多免疫力。雖然建議1歲以後每3年接種1次，但是日本的流浪貓很多，不少家貓也都沒有接種疫苗，所以感染風險比海外要高一些。尤其是高風險的貓，最好每年抽1次血檢測抗體效價，如果抗體效力降低，即使還未滿3年也最好要主動接種。

奶貓以外該如何接種？

成貓如果只有在奶貓時接種過3種核心疫苗的話，由於已經有充足的免疫力，所以只需要再追加接種1次3種核心疫苗。
如果是路邊撿的貓、不確定疫苗接種紀錄的貓，就要檢查抗體效價，若數值偏低，就接種3種綜合疫苗。

接種綜合疫苗可預防的傳染病症狀&治療

貓病毒性鼻氣管炎

【傳染途徑】
吸入感染貓病毒性鼻氣管炎的貓打出的噴涕飛沫或唾液，經由氣管感染。

【症狀】
會出現噴嚏、咳嗽、分泌眼屎、發燒等類似感冒的症狀。主要會引發鼻炎、結膜炎、咽喉炎、支氣管炎，但也可能轉移成為肺炎。貓會食慾不振或是完全吃不下，突然全身虛弱、發生脫水症狀，嚴重者甚至可能死亡。病毒會在感染的貓體內長期潛伏，在貓咪抵抗力下降時發病。

【治療】
要補充營養和水分、採取舒緩症狀的對症治療，另外還要投用抗生素，以免感染其他疾病，並且施打干擾素以加強對病毒的抵抗力。

如果中途停止治療，恐怕會變成慢性鼻炎或結膜炎，所以最重要的是要持續療程直到康復為止。不採取特殊療法、僅實施對症治療，這個原則也適用於其他病毒傳染病。因為沒有根本療法，所以徹底預防染病才是重點。

疫苗接種　飼主不可不知的重點

接種方面的注意事項

□接種前要檢查身體狀況（身體狀況不佳時不可接種）
□接種後要仔細觀察貓咪的反應1整天，
　確認是否產生副作用
□接種當日要靜養，2～3天內避免劇烈運動和跳躍
□懷孕時不可接種

取得接種證明

接種後，獸醫院會發行接種證明。
在寵物旅館等設施寄宿時，可能需要出示證明。

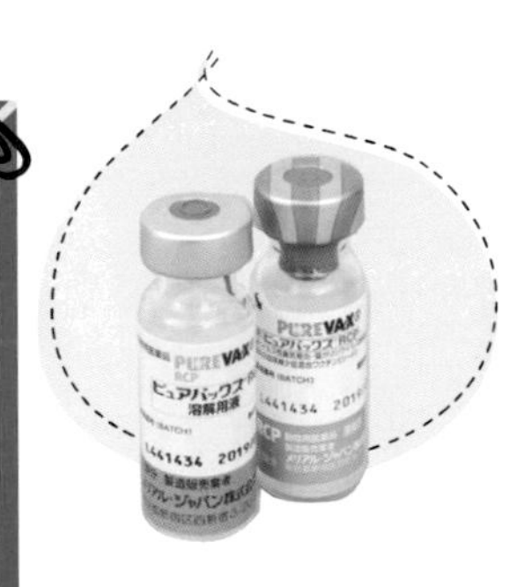

貓泛白血球減少症

【傳染途徑】

感染貓泛白血球減少症的貓咪排泄物經由口腔感染。

【症狀】

食慾不振、發燒、嘔吐、腹瀉、脫水症狀、血便、虛弱、白血球減少等等。特徵是病情發展迅速者會有很高的致死率。發病後會出現嚴重的嘔吐和腹瀉，活力和食慾都會下降。好發於缺乏體力的奶貓，甚至可能會在1天內死亡。

【治療】

和其他病毒傳染病一樣，採取抗生素和干擾素的治療。奶貓的致死率特別高，必須及早治療。

貓卡立西病毒傳染病

【傳染途徑】

吸入感染貓卡立西病毒的貓打出的噴涕或唾液，經由氣管感染。

【症狀】

主要會出現和貓病毒性鼻氣管炎（右頁）類似的症狀，以及類似感冒的症狀。最常見的是舌頭和口腔出現潰瘍，也可能會造成關節炎或肺炎。一旦發展成肺炎，可能會出現呼吸困難、全身無法活動等有生命危險的症狀。

【治療】

和其他傳染病一樣，採取抗生素和干擾素的治療。口腔有潰瘍而無法進食的貓，可以用點滴的方式施打營養劑。

貓白血病病毒傳染病

【傳染途徑】

透過感染貓白血病病毒傳染病的貓咪唾液、血液而感染。也可能經由食盆、母乳傳染。

【症狀】

一旦感染，就會出現食慾不振、發燒等症狀。如果眼皮、鼻頭和嘴唇發白，代表可能有貧血。也可能引發淋巴瘤（p.170）或白血病等癌症。

【治療】

別讓自家的貓接近感染的貓，也不要讓牠外出亂跑，預防勝於治療。若是淋巴瘤，會採取使用抗癌劑的療法。

貓免疫不全病毒感染症（貓愛滋病）

【傳染途徑】

以感染貓免疫不全病毒感染症的貓咪唾液為媒介，主要透過貓咪之間打架咬傷而感染。交配時，也可能透過母貓的陰道黏膜接觸感染。

【症狀】

感染後，大約1個月會出現發燒、淋巴腺腫脹，絕大多數會在幾週內康復，因此有些飼主不會察覺貓咪感染。很多貓咪也在感染後終生未出現症狀，但也有貓咪會在抵抗力下降時發病。一旦發病，就會因免疫功能不全而引發口腔炎、鼻炎、結膜炎，因嘔吐和腹瀉而消瘦。這些症狀反覆發生，最後導致肺炎、癌症而死亡。

【治療】

早期發現就能設法延遲發病，例如加強體力、預防免疫力下降。發病後比照其他傳染病採對症治療。

披衣菌感染

【傳染途徑】

接觸到感染貓披衣菌的貓咪鼻水、唾液、尿液的飛沫或糞便而感染。

【症狀】

會出現分泌黏稠眼屎的結膜炎。感染3～10天後，一開始會出現單眼發炎，之後也會出現鼻水、噴嚏、咳嗽等類似感冒的症狀。病情若持續發展，會併發支氣管炎或肺炎，惡化下去可能會致死。母貓一旦感染，生下的奶貓就會染上眼炎、肺炎，甚至在出生數天後死亡。

【治療】

有能夠有效治療的抗菌藥，投用眼藥水、鼻噴劑，或是內服藥。為了避免復發及體內殘留披衣菌，即使在症狀消失後，也要繼續投用抗菌藥2週以上。

小心人貓共通的疾病！

貓的疾病當中包含「人畜共通傳染病（zoonoses）」，是指貓傳染給人類的疾病、貓和人都會得到的疾病。例如皮癬菌病、疥癬（兩者都在p.167）、貓抓病、巴氏桿菌症、蛔蟲病、弓蟲症、跳蚤叮咬、潰瘍棒狀桿菌感染症等等，感染病原體後就會發病。這些病都可能因為被貓咪咬傷、抓傷而感染，接觸病貓的糞便也可能會感染。此外，即使染上同一種病，也可能只有貓或人類單方面無症狀。

不論是哪一種病，「摸完貓以後要洗手」、「避免用嘴巴餵貓吃東西等過度的肢體接觸」、「保持貓咪周遭的環境清潔」，這些日常花費的心思都可以預防感染。

沒有疫苗的傳染病

貓傳染性腹膜炎（FIP）也要小心

貓傳染性腹膜炎是沒有疫苗可以預防的疾病，發病率和致死率都很高。這是感染貓傳染性腹膜炎病毒而發生的疾病，一般症狀有嘔吐、腹瀉、發燒、食慾不振等等。可分為①濕式（滲出型）和②乾式（非滲出型）兩種，大多數病例都是①。①會造成腹部或胸腔積水，甚至引發呼吸困難。②會導致中樞神經發炎、抽搐或麻痺、異常行為等等。治療方式為施打有抗病毒作用的干擾素。最重要的還是別讓自家貓咪靠近病貓，徹底做好預防工作。

絲蟲病 可以預防

絲蟲病是一種叫作絲蟲（犬心絲蟲）的寄生蟲，寄生在肺動脈引起的疾病。被吸過感染絲蟲病的貓狗血液的蚊子叮咬，就會感染。很多人都以為這是狗才會得的病，但是根據數據顯示，每10隻貓當中就有1隻貓會染上絲蟲病，也算是貓咪常見的疾病。症狀有咳嗽、氣喘、嘔吐等等，可能會因為肺栓塞造成猝死。治療方法為投用驅蟲劑或實施外科手術，但兩種方法的風險都很高，最重要的還是預防。只要每個月投餵一次貓專用的絲蟲病預防藥，就能保護貓咪的健康。用藥問題一定要向獸醫師諮詢，按照指示服用很重要。

最好要注意的疾病、症狀&治療法

這些時候都要注意！一有異狀就要送醫

飼主每天都要仔細觀察貓咪的狀況，掌握牠平常的狀態。這麼一來，當貓咪做出不同於平常的行為或反應、處於「異於平常」的狀態時，才能立即發現。

當貓咪出現食慾不振、沒有精神等身體明顯不適的狀況時，已經不只是「異於平常」的程度了，最好視為健康狀況不佳的狀態。

循環系統疾病

肥厚性心肌病

【症狀】

這是心臟肌肉增厚，導致心臟功能衰弱的疾病。好發於美國短毛貓和緬因貓。發病初期無症狀，所以等到出現無法動彈、呼吸加速等可察覺的症狀時，通常都已經是胸腔積水、肺水腫的病危狀態。此外，心臟內部形成的血栓一旦堵住末梢血管，就會出現後腳麻痺等症狀。

【治療】

治療時會投用可以幫助心臟作用的藥物，和防止血栓形成的藥。但主要還是靠超音波檢查，才能早期發現。

呼吸系統疾病

貓氣喘

【症狀】

這是會出現發作性咳嗽和呼吸困難的疾病。貓咪會突然咳嗽、呼吸時發出粗重的喘息。在病發初期，症狀會很快緩解，發作間隔也很長；但要是拖延治療的時機、演變成重症，貓咪就會做出箱座（人面獅身）的姿勢、用全身的力氣深呼吸（連平常安靜時不會使用的腹部肌肉也用力）、皮膚和黏膜呈紅紫色（發紺）、無法呼吸，可能會致命。

【治療】

發作時，要使用支氣管擴張劑、類固醇和消炎劑的內服藥或噴劑。若症狀很嚴重，就要住院吸氧和打點滴。

消化系統疾病

炎症性腸病（IBD）

【症狀】
這是腸道發炎的疾病，為慢性且原因不明的難治性腸胃炎。病程會長期發展，出現腹瀉、嘔吐、食慾不振、血便等症狀，病情會時好時壞。不論貓咪幾歲都會發病，不過好發於中高年齡的貓。

【治療】
這是很難根治的疾病，必須長期採取適當的飲食療法，並投用抗生素。如果症狀在治療後舒緩，很有可能就可以回歸正常的日常生活了。

貓肝臟脂肪病（脂肪肝）

【症狀】
這是脂質代謝異常導致大量脂肪累積在肝臟、引起肝功能障礙的疾病。尤其是中高齡的肥胖貓咪，如果好幾天都沒有進食，很容易引發二次性脂肪肝。發病後會失去活力和食慾，出現嘔吐、腹瀉等症狀。一旦演變為重症，就會引發黃疸、抽搐、意識障礙等症狀，進而導致生命危險。

【治療】
最重要的還是預防。如果貓咪吃不下飯，千萬別想著再多觀察幾天看看。一旦罹患這種病，就需要補充必須胺基酸等營養；如果是重症，則需要插入胃導管灌食可補充大量營養素的食品。

巨結腸症

【症狀】
這是慢性便祕導致大量糞便堆積在結腸內，造成便祕重症化的疾病。原因在於腹肌力量和腸道的蠕動能力下降、脫水、交通事故造成神經損傷，或是骨盆骨折導致骨盆狹窄等各種因素。想要排便卻遲遲排不出來，會讓貓咪感到痛苦。此外，這種病也會排出水分較多的黏稠糞便，所以很容易和腹瀉搞混。便祕要是持續下去，貓咪的食慾和活力都會消失、體重下降，還會出現脫水症狀。

【治療】
取出結腸裡堆積的糞便，或是投用可促進通便的藥物。如果貓咪有脫水症狀，就施打點滴。另外也可以提供不易造成便祕的配方食品。

泌尿系統疾病

尿路結石

【症狀】

這是膀胱內尿液所含的礦物質凝固、變成結晶或結石的疾病。主要症狀是貓咪雖然會頻繁上廁所，卻尿不出來，或是尿裡含有光亮的結晶物質、血尿等等。這是起因於貓咪不愛喝水，導致尿液較濃，容易形成尿路結石。尤其是尿道較細的公貓很容易得病，結石傷害到尿道會引起發炎，或是堵塞尿道（尿路阻塞）導致無法排尿。一旦發生尿路阻塞，就會引發尿毒症，會有生命危險。

【治療】

將導管插入尿道裡，將結石從尿道推回膀胱，並餵食含有較少的鎂等礦物質的處方食品，以溶解尿石。若尿石太大，可能要動手術去除。引起尿路阻塞時，必須儘早處理。預防方法是提供礦物質含量較少的泌尿道處方飼料、讓貓咪多喝水。此外，隨時保持便盆清潔很重要，以免貓咪不願意如廁而憋尿。

慢性腎臟病

【症狀】

這是高齡貓常見的疾病。因為年齡增長或是其他疾病影響，導致腎臟功能下降，老廢物質無法徹底排出，結果累積在體內。症狀包含大量飲水、尿量增加、食慾不振、貧血、嘔吐、體重減少等等。由於發病初期幾乎沒有症狀，所以等到飼主發現時，病情已經惡化，重症者還會引起尿毒症，會有生命危險。

【治療】

發病後腎臟功能就無法恢復原狀，所以不能期望根治。為了多少延緩病情的發展，需要藉由投藥和飲食療法，盡可能為功能下降的腎臟減少負擔。最重要的還是早期發現，尤其是對高齡貓，平常就要檢查排尿的次數和尿量。

治療貓腎臟病的藥物登場！

以前並沒有能夠有效治療貓咪慢性腎臟病的藥物，不過近年來，已經可以使用抑制腎臟病惡化的藥物「Rapros（口服型前列腺環素）」。由於這種藥才剛開始使用，如果飼主有疑慮，可以先找獸醫師詳談。

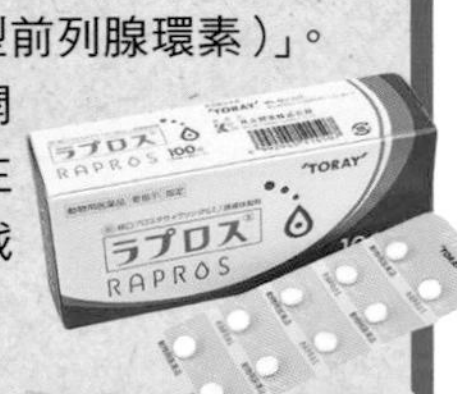

下泌尿道症候群

【症狀】

這是發生在下泌尿道（膀胱到尿道）的疾病總稱。最常見的有膀胱炎、尿路結石、尿道阻塞等等。症狀若是發展下去，尿道就會堵塞、尿不出來，演變成急性腎衰竭、引發尿毒症，短期內甚至會死亡。尿液會呈粉紅色或紅色，也可能混有血絲，要多加注意。生病的貓咪會蹲在便盆，用盡全力卻尿不出來，或是上廁所次數變多，出現不同以往的排尿反應，食慾和活力也會下降。

【治療】

需要按照疾病和症狀，分別採取適當的治療方法。如果是膀胱炎，就投用抗生素；如果是尿路結石，就採取飲食療法，或是動手術清除結石。若是出現急性腎衰竭，就服用利尿劑和打點滴來排除毒素。這些病就算痊癒後，通常也會很快復發，所以重要的是平常幫貓咪做好飲食管理，同時布置好隨時都可以立刻排泄的環境。

內分泌疾病

甲狀腺機能亢進症

【症狀】

這是與身體基礎代謝功能有關的甲狀腺激素分泌過剩的疾病。症狀包含無法鎮定、異常活潑、大量飲水、尿量增加、食慾旺盛但體重逐漸下降。好發於中高年齡的貓。

【治療】

治療方法有內科療法和外科療法。內科療法是投用抗甲狀腺藥物，外科療法則是切除腫大的甲狀腺。中高年齡的貓若是出現以上症狀，必須立即就診。

糖尿病

【症狀】

這是胰臟分泌的胰島素異常，造成糖分代謝障礙，使血糖值升高的疾病。有些貓咪的體質很容易得糖尿病，不過肥胖和壓力也是發病的主因。症狀有大量飲水、尿量增加、食量大等等。重症者會失去活力、出現嘔吐和脫水症狀，也可能會出現黃疸。

【治療】

狀況分成必須每天施打胰島素的病例，以及靠飲食療法和投藥就能治療的病例。肥胖的貓特別容易發病，必須多加注意。當貓咪的飲水量增加時，要趁其他症狀出現以前趕緊就醫。

生殖系統疾病

子宮蓄膿症

【症狀】

這是沒有生產經驗的母貓容易罹患的疾病，子宮內部會累積膿液。起因於細菌入侵子宮內，分為膿液會從外陰部流出的「開放型」，以及膿液累積在子宮內無法排出的「閉鎖型」。特徵都是貓咪會大量喝水、尿量增加，一旦惡化就會出現嘔吐和脫水症狀，甚至還會引發腹膜炎，最終致死。

【治療】

發病時，要立刻動手術切除卵巢和子宮。手術中和手術前後都需要投用抗生素。這是做避孕手術即可預防的疾病，如果飼主無意繁殖小貓，最好盡可能在貓咪發情前動手術。

會吐毛球和不會吐毛球的貓

有些貓咪會吐出毛球。牠們會將理毛時舔掉的毛吞入胃裡，最終和糞便一同排出，不過也可能會結成毛球而吐出來。吐毛球只是偶爾才有的事，如果貓咪在吐完毛球後反應很平靜，就不需要擔心。有些貓咪可以順利將毛排泄出去，完全不會吐毛球。

不過，進入胃裡的毛累積太多，會刺激胃黏膜，甚至堵塞胃通往小腸的出口。這就稱作「毛球症」，常見於長毛種，以及腸胃功能衰退的老貓。經常吐毛球的貓忽然不再吐了，或是看起來要吐卻又吐不出東西，還伴隨食慾不振和便祕時，最好立即就醫。

皮膚疾病

跳蚤過敏性皮膚炎

【症狀】
這是對跳蚤唾液中的蛋白質產生反應的過敏性皮膚炎，會導致背部、屁股出現紅疹和脫毛。發病後會嚴重搔癢，所以貓咪會一直舔咬患部。此外，貓咪抓癢也可能造成皮膚出血。是否發病會因貓咪的體質而異，症狀的輕重也會因貓咪而不同。

【治療】
為了舒緩過敏症狀，需要投用類固醇和抗過敏劑，同時也要用驅蟲藥驅除跳蚤。而且，飼主必須勤於徹底打掃環境，驅除隱藏在室內的跳蚤、蟲卵、幼蟲和蟲蛹，保持貓咪生活環境清潔也很重要。如果是多隻飼養的家庭，也要對其他貓咪投用預防和驅除跳蚤的藥。

皮癬菌病（白癬）

【症狀】
這種病是因為接觸到感染了皮癬菌（黴菌）的貓而感染。臉部、耳朵、四肢等部位的披毛都會禿成圓形，四周則是會形成皮屑和結痂，但是搔癢的情形並不嚴重。奶貓和免疫力下降的貓特別容易發病。

【治療】
需要服用抗真菌藥、塗抹含有抗真菌藥的藥水或軟膏來治療。剃掉患部及周圍的披毛，會比較容易塗藥，避免感染擴大。而且為了避免再度感染，貓咪使用的棉被等的用品都要清洗、消毒，室內也要徹底清掃。

疥癬

【症狀】
這是貓疥癬蟲寄生在貓咪身上，會嚴重發癢的皮膚炎。起初是在臉部、耳緣長出紅疹以及脫毛。由於皮膚會逐漸增厚，所以臉和耳朵的皮膚也會變得皺巴巴。疥癬蟲最終會擴散到全身，連背部、四肢、腹部都會出現嚴重搔癢。

【治療】
投用疥癬蟲驅蟲藥。貓常用的貓窩、棉被、毛毯等用品都要消毒，室內也要徹底清掃，驅除所有疥癬蟲。如果是多隻飼養或是同時飼養其他寵物，也需要和發病的貓咪一起治療。

眼睛疾病

結膜炎

【症狀】

眼瞼內側充血發紅、分泌出淚液和眼屎。貓會因為搔癢或不適而揉眼睛，導致眼周紅腫疼痛。病因有毛或刺激性物質進入眼睛、披衣菌等細菌或病毒感染，以及過敏。如果是疱疹病毒感染呼吸系統而導致發病，也會出現流鼻水和打噴嚏等症狀。

【治療】

如果是異物進入眼睛，直接去除即可。如果是細菌感染，需要投用抗生素眼藥水；如果是病毒感染，則是投用抗病毒劑的眼藥水。若是多隻飼養，為了避免傳染，要在病貓痊癒以前避免讓牠接觸其他貓咪。

牙齒、口腔疾病

牙周病

【症狀】

如果貓咪不刷牙，食物殘渣等齒垢會堆積在牙縫，形成牙結石。牙結石若是不處理，就會有細菌繁殖，引起牙齦發炎（牙齦炎）。此外，牙齒還會搖搖晃晃，甚至掉牙（牙周炎）。

一旦患上牙齦炎，會出現口臭、牙齦出血、咬合時疼痛，所以貓咪的食慾會下降。

【治療】

最理想的狀況是養成平常用牙刷或紗布幫貓咪清潔牙齒的習慣（參照p.127）。吃乾糧的好處是比濕糧更不容易形成牙結石。如果症狀已經惡化，就需要在醫院全身麻醉，以便去除牙結石和齒垢，或是拔牙。

也要小心口腔炎！

貓咪的口腔疾病還包括牙齦、舌頭、口腔黏膜發炎，出現紅腫或潰瘍、出血的口腔炎，以及會導致牙齒溶解的疾病。這些疾病後會讓貓咪出現口臭、流口水、嚴重疼痛等症狀，所以牠可能會討厭被人撫摸。

這種時候最好及早就醫。如果病因是與病毒感染等其他疾病有關，就需要同時治療原因疾病。

耳朵疾病

耳疥癬

【症狀】

這是耳疥癬蟲寄生在貓咪外耳道的疾病。耳疥癬蟲會在貓咪耳朵內繁殖，引起嚴重搔癢。貓咪會分泌出黑色耳垢、因為發癢而不停甩頭或到處摩擦耳朵。因為貓一直抓耳朵，還可能會造成耳朵周圍抓傷。耳疥癬蟲屬於接觸感染，母貓一旦感染，就會傳染給奶貓，外出的貓也會因為接觸其他貓咪而感染。

【治療】

除了投用耳疥癬蟲的驅蟲藥以外，還要清洗外耳道、在耳道內點藥（含消炎藥和抗生素的耳滴劑），以治療外耳炎。如果是多隻飼養的家庭，只要有1隻貓發病，其他貓咪通常也都會感染，所以全部貓咪都需要治療。

外耳炎

【症狀】

這是耳廓（耳殼）到鼓膜的外耳發炎的疾病。可能是細菌或真菌感染、過敏等各種因素，會導致疼痛和搔癢，所以貓咪會不停抓耳朵、摩擦地板和甩頭。如果分泌出大量耳垢、散發惡臭時就要注意，一旦變成慢性病，外耳道可能還會腫脹、堵塞。

【治療】

基本的治療是清洗外耳。但發病原因有很多種，首先要確定原因，再使用可以治療原因的抗真菌劑和抗生素等藥劑。

惡性腫瘤（癌症）

隨著貓咪高齡化而增加的疾病

癌症導因於基因突變，原因可能在於某些惡性因子。貓也和人類一樣，年紀愈大抵抗力愈差，細胞容易受損，罹癌率也會節節上升。症狀會因癌症發生部位而不同。如果是長在體表會形成硬塊，可以藉由觸摸來發現，但大多數的病例初期都只有變瘦等不明顯的症狀。

癌症會隨著時間經過而轉移到其他器官，發現得太晚就會致命，原則上採早期診斷、早期治療。如果覺得家中貓咪的狀況稍微有點不一樣，就要認真向獸醫師諮詢。

鱗狀上皮細胞癌

【症狀】

這是鱗狀上皮細胞癌化的疾病。鱗狀上皮是指覆蓋在皮膚、眼角膜等體表和口腔、食道、鼻腔、氣管、支氣管等通往體內的入口處表面的組織。凡是有鱗狀上皮組織的部位（眼睛、口腔、氣管等等），都可能會出現這種癌症。長期照射紫外線的貓咪耳廓也可能會有癌症。患部會脫毛、長出厚厚的結痂和潰瘍、出現類似擦傷的傷口。如果病情發展，患部就會腫脹、蓄膿出血。

【治療】

需要進行外科手術，儘量大範圍切除患部及周邊組織。同時也要進行放射線治療和抗癌劑治療。

淋巴瘤

【症狀】

這是一種名叫淋巴球、負責免疫功能的白血球癌化的疾病。貓咪最常見的是血液和淋巴的腫瘤，也可能因為感染了貓白血病病毒（p.159）而發病。症狀會因為癌生成在肺部、腸道、中樞神經系統等部位而異。如果是長在肺部，就會出現胸腔積水、咳嗽、呼吸困難等症狀。如果長在腸道，就會引起腹瀉、嘔吐；長在中樞神經系統，則會引起四肢麻痺。

【治療】

以投用抗癌劑的化學療法為主，同時依症狀採取對症治療。

乳癌

【症狀】
這是在分泌奶水的乳腺生成的癌症。從體外觸摸乳腺時，可以藉由摸到硬塊來發現。長了乳癌的乳腺連接的乳頭會變得紅腫，可能會滲出黃色分泌物。雖然極為罕見，但公貓也可能會發病。

【治療】
需要進行外科手術，切除所有患部。依照病狀，也會實施化學療法。貓咪的癌症即使直徑很小，轉移的可能性還是很大，所以早期發現非常重要。此外，如果飼主不希望繁殖小貓，最好在貓咪1歲以前做避孕手術，可以有效降低發病風險。

各貓種容易罹患的疾病

純種貓是同一品種的貓互相交配所生，
因此很容易罹患遺傳性的疾病。依照貓咪的體型大小、身體特徵，
容易罹患的疾病也不盡相同。如果有偏好飼養的貓咪品種，
最好事先了解牠們容易得到什麼樣的疾病。

品種	容易罹患的疾病
阿比西尼亞貓	肝病、皮膚病、眼病、類澱粉沉積症
美國短毛貓	心臟病（肥厚性心肌病）
蘇格蘭摺耳貓	骨軟骨發育不良、心臟病（肥厚性心肌病）、尿路結石
挪威森林貓	肝醣儲積症
波斯貓	肝病、眼病、皮膚病、多發性腎囊腫
曼赤肯貓	漏斗胸、關節疾病、皮膚病
緬因貓	心臟病（肥厚性心肌病）
布偶貓	心臟病（肥厚性心肌病）
俄羅斯藍貓	末梢神經障礙

貓的結紮和避孕

結紮、避孕手術要在1歲以前實施

如果飼主沒有繁殖小貓的計畫，最好考慮帶貓咪去做結紮或避孕手術。手術的最佳時期在進入發情和性成熟期以前，在這個時期做完結紮、避孕手術，在日後飼養時有助於預防貓咪大多數的惱人行為（做記號、母貓發情期的叫聲）。

沒有做結紮手術的公貓

公貓的性成熟期通常是在出生後6～8個月。沒有結紮的公貓捍衛地盤的本能會非常強烈，如果和其他公貓相處，可能還會打架。大約從10個月大開始，公貓就會出現「噴尿」的做記號行為，藉此散布自己的氣味，這也是公貓的天性。不過公貓並不會週期性發情，只有身邊出現發情中的母貓時才會發情。

做完結紮手術後…

結紮手術

內容▶

切除睪丸的手術

住院▶當日返家或住院1晚

拆線▶無

最佳時期▶

出生6個月～1歲左右

優點

- 地盤意識會變弱，性情較穩定
- 不必承受性欲造成的壓力，攻擊性下降
- 可以預防做記號的行為

缺點

- 手術會造成身體負擔（需要麻醉，多少有點風險）
- 脂肪代謝力下降，容易發胖
- 據說太早動手術容易導致下泌尿道疾病

母貓的發情之謎

貓是會在交配過程中排卵的動物，所以一旦交配就有很高的機率懷孕。如果母貓沒有交配，就會在1週內反覆發情多次。

發情會受到日照時間影響，所以容易發生在日照時間變長的春季。不過在人工照明下也會發情，因此照光時間較長的家貓，發情期往往會比戶外放養的貓要長。

狗狗在發情期的期間，會出現類似人類月經一樣的出血現象，可是貓咪在發情期時並不會出血。如果母貓的陰部出血，很有可能是生病了，要儘快就醫。

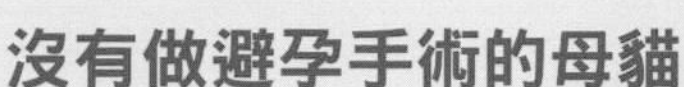

沒有做避孕手術的母貓

第一次發情通常是在出生4個月後的春季或秋季，一般是發生在5～6個月大的時候。時期會有個體差異，不過在這之後每半年就會有一次發情期。母貓到了發情期後會變得躁動，像嬰兒般大聲喊叫，排尿會變成少量多次。有些貓還會在地板上摩擦背部、擺出抬高腰臀的特殊姿勢。

做完避孕手術後…

避孕手術

內容▶
切除卵巢和子宮的手術
住院▶數天
拆線▶術後1～2週
最佳時期▶
出生6個月～1歲左右

優點

- 可以預防子宮疾病和降低乳癌發生率
- 不會產生發情壓力
- 可以避免預期外的懷孕

缺點（同結紮手術）

- 手術會造成身體負擔（需要麻醉，多少有點風險）
- 運動量會減少，比較容易發胖

Q 貓咪會在室內做記號

A 建議做結紮或避孕手術來預防

貓咪是一種會想要確定自己的地盤、在地盤範圍內生活的動物。尤其是公貓，在發情期或多隻飼養的狀況下，會為了主張自己的地盤而做記號，這是非常自然的行為。有些母貓也會在發情期做記號，不論公母都會因為發情而感受到壓力。

公貓和母貓都能藉由發情前的結紮和避孕手術，來預防這些行為。關於結紮、避孕的時期，可以找常看的獸醫師諮詢。如果貓咪做記號是因為有壓力，飼主就要努力排除壓力的源頭。

若要防止貓咪做記號，可以在不想讓牠做記號的地方，噴上貓咪討厭的柑橘類芳香劑、為家具加上保護套，也要避免牠進入不能做記號的房間。

Q 貓咪已經結紮／避孕了，卻還是做出跨騎的動作

A 即使出現性行為也沒關係

有些貓在結紮或避孕後，依然會做出跨騎動作和做記號，尤其是大部分的公貓，在結紮後還是會出現某種程度的性行為。跨騎行為並不會導致貓咪將來生病，基本上沒什麼大問題。

不過，公貓做記號的氣味，雖然會在結紮後變得較弱，但這依然是很惱人的行為，當貓咪噴尿在便盆以外的地方時，不管多少次，飼主都一定要確實消除氣味，使用除臭劑徹底清潔沾到氣味的地方。

能有效預防做記號

費利威

貓咪因為某些原因感到不安時，就會做記號或磨爪來捍衛自己的地盤。「費利威（FELIWAY）」的配方中，含有類似貓咪放鬆時會分泌的費洛蒙成分，可以舒緩貓咪緊張的情緒，有效抑制貓咪做記號等主張地盤的行為。產品分為噴劑型和插電擴香型，有些獸醫院會上架販售，可以洽詢常去的獸醫院。

圖為噴劑型

COLUMN

貓的懷孕和分娩

如果飼主想要自行繁殖小貓，就必須對出生的奶貓負起全部責任。若是自己無力飼養，或是無法確定有人可以領養，就不要輕易讓貓咪繁殖。想要繁殖小貓時，建議先向可靠的獸醫院、繁殖戶等具備專業知識的人，請教正確的作法。

特別要提醒的是，尤其是純種貓的繁殖，應當由專家執行，外行人千萬不要自行嘗試。

● 適齡生育期

母貓最早會在出生5個月左右開始發情，但是生育對身體負擔較小的理想時期是在大約1歲以後，超過5歲後對母貓身體的負擔又會變大，因此最佳生育期是在1～4歲左右。

● 懷孕期間

貓咪會在交配時排卵，只要有交配行為，幾乎都肯定會懷孕。懷孕期間很短，大約是2個月。

● 懷孕徵兆

交配後6～7週，乳腺會開始膨脹，接近分娩時，腹部會脹成平常的兩倍大。懷孕母貓的睡眠時間會拉長，食慾則是增加。

→ 懷孕20天左右，就能透過超音波檢查診斷出懷孕。

● 出生數目

通常是3～5隻，鮮少只生1隻或是6～7隻以上。分娩時大約每隔10～30分鐘會生出一隻小貓。

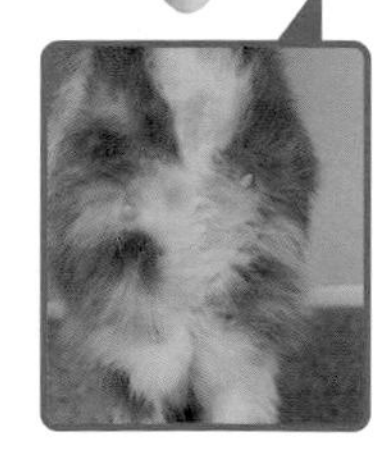

懷孕中的母貓和乳腺膨脹的狀態。

維護高齡貓的健康

貓咪老化是從七歲左右開始

隨著醫療技術的進步和寵物食品品質的提升，貓的壽命也逐年增長，但是最快在七歲過後就會開始逐漸老化。

高齡貓若是出現左邊的行為，就要儘快就診。因為這些行為的背後，可能隱藏著伴隨老化而來的疾病。為了早期發現疾病，最好也能定期帶貓咪做健康檢查。

老化會出現的行為

- □ 無法從高處下來
- □ 經常睡覺
- □ 運動量減少
- □ 排泄位置不在便盆上
- □ 大聲喊叫
- □ 對事物不再有興趣
- □ 不再嬉鬧玩耍

老化的警訊

鬍鬚、嘴邊

白毛增加

鼻子旁邊、眼睛上面、雙顎、臉頰這4個部位的鬍鬚如果有顏色，就會開始漸漸冒出白色的鬍鬚。

耳朵

漸漸聽不見

呼喚牠的名字或是發出噪音時，耳朵卻常常不動，也沒有受到驚嚇。因為聽不清自己的聲音，所以叫聲會變大。

眼睛

漸漸看不清楚

視力衰退，甚至可能會撞到家具。也要注意白內障等眼睛疾病。要仔細觀察貓咪的眼屎分泌狀況、瞳孔是否混濁。

牙

開始脫落

牙齒因為齒槽膿漏、牙周病等原因開始脫落，口臭變嚴重。重症者還會疼痛，也會導致進食困難。

披毛

披毛光澤消失、開始變得粗糙

毛皮會出現變化，例如因為無法好好理毛、體脂分泌失衡等因素，導致毛質粗糙或是結成毛球。原本深色的部分會長出白毛。

爪

持續外露

當貓咪在地板上走路時會發出喀躂聲時，就要注意了！貓咪老化會使韌帶拉長，導致爪子外露而無法收回，可能會因此受傷。

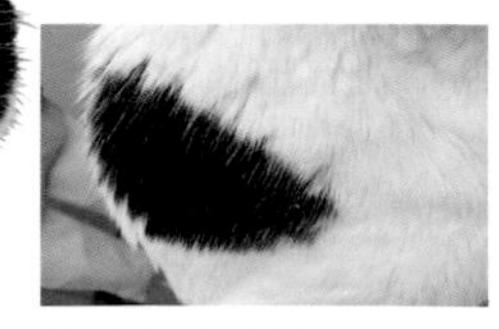

黑毛的一部分變白

為高齡貓布置舒適環境的重點

貓咪進入高齡期後，飼主平時要仔細觸摸牠的身體，以免錯失任何身體上的變化。
貓咪做不到的事情會愈來愈多，所以要為牠布置一個可以舒適起居的環境。

考慮食盆和水盆的高度

食物最好改用老貓用的飼料。高齡貓喝水量會增加，所以要隨時更換新鮮的飲用水。食盆要設置在貓咪不必一直抬頭低頭就能進食的高度。

調整家具的擺放高度

貓咪喜歡的櫥櫃上方等高處，因此都要改成方便上下的配置。例如將家具擺成階梯式，或是幫牠做個墊腳台。

準備觸感舒適的貓窩

貓咪睡覺的場所要降低，讓牠能夠安穩入睡。建議設在夏涼冬暖的地方。

便盆的入口要降低

要幫貓咪降低上廁所時跨入便盆的高度。將便盆的位置移到貓窩附近，縮短貓咪的移動距離，多少會輕鬆一點。

高齡貓需要的保養

別忘記剪爪子

高齡貓的爪子會持續外露，而且磨爪的次數也會減少，伸長的爪子會變成卷爪，有受傷的危險。所以每個月要幫貓咪剪爪1次。

每年2次健檢最理想

可以的話每年2次，最少每年也要做1次健康檢查。若要預防疾病，最重要的還是早期發現、早期治療。

要勤加梳毛

高齡貓的身體柔軟度會變差，再也無法好好理毛，所以披毛很容易打結。最好每天都細心溫柔地幫牠梳毛。

逗逗貓咪讓牠活動身體

要用逗貓棒等玩具，在貓咪不會累的程度內陪牠玩耍，讓牠時常活動身體。這樣也能刺激牠的腦部。

用溫毛巾擦身體

洗澡對高齡貓的身體來說負擔太大。如果很在意貓咪身上的髒污和異味的話，就用溫熱的毛巾輕輕幫牠擦澡吧。容易髒的眼周和嘴邊，要改用熱水沾濕擰乾的棉片來擦。

要了解高齡貓常見的疾病

貓咪一過十歲，就很容易罹患各種疾病。高齡貓常見的疾病有牙周病（168頁）、甲狀腺機能亢進症（165頁）、慢性腎臟病（164頁），其中罹患腫瘤（170頁）的機率也會在高齡期顯著提升。除此之外，關節炎也是高齡貓常見的疾病之一。由於保護關節的軟骨組織會隨著年齡增長而減少，造成貓咪時常感到疼痛。

很多疾病都難以根治，但只要早期發現、早期治療，就能夠延緩病情惡化。為了讓愛貓更加長壽，平常要用心仔細和貓咪接觸互動，掌握牠的身體狀況變化。

失智症檢測

貓咪上了年紀後，腦部功能就會下降、罹患失智症。如果發現貓咪出現下列反應，建議先找獸醫師諮詢。畢竟原因也可能是失智症以外的疾病。
如果貓咪被診斷為失智症，獸醫師會指導應對的方式，飼主最好要用溫暖的態度守護貓咪。

- □在同一個地方徘徊
- □排泄在便盆外側，或是大小便失禁
- □對飼主或家人產生攻擊性
- □比以前膽小畏縮
- □半夜大聲鳴叫

為了因應勢必到來的那一天

只要養了貓，就無法逃避告別的那一天。當那一天來臨時，儘管很痛苦、悲傷，但重要的還是滿懷著愛情為貓咪送終。這等於是回報和你一同生活、撫慰家人的貓咪的恩情。好好跟牠道別，也能幫助飼主自己從悲傷中振作起來。

為貓咪送終，有委託寵物殯葬業者、寵物靈園或是自治團體等方法。獸醫院或許也可以介紹相關的業者。建議跟家人仔細商量後，選出一個滿意的方法，送愛貓最後一程吧。

8章

貓咪惱人行為的預防和應對方法

提早預防貓咪的「惱人行為」

預防對策要先從了解貓的習性開始

貓原本就是天性中仍保留著野生本能的動物。「磨爪子」、「爬上高處」、「鑽入狹窄的地方」等行為，對貓來說都是很自然的事。不過，要是貓咪在家裡做出這些行為，飼主也會感到很傷惱筋吧。

但是，貓又不像狗一樣，很難用稱讚和責罵的方式訓練，所以飼主必須先了解如何好好和貓咪共處，掌握貓究竟是什麼樣的動物，以及牠的行為特徵和習性。

而且，最重要的是提早做好預防對策，以免貓咪做出惱人和危險的行動。

惱人行為 1

不願意在便盆上廁所，而是在房間角落排泄

為什麼？

當貓咪不滿意便盆很髒，或是換成牠不喜歡的貓砂，往往就會在便盆以外的地方排泄。除此之外，也可能是貓咪有膀胱炎之類的疾病，導致來不及上廁所，或是排泄時曾有過不好的經驗，因而對便盆產生壞印象，才會上在便盆以外的地方。

可以試著這樣做

當貓咪排泄後，就要儘快幫牠清理乾淨。如果是多隻飼養，就要幫每一隻貓各準備一個便盆（p.64）。當貓咪因為更換了貓砂而不願意上廁所時，就換回原本的貓砂。

如果便盆很乾淨，貓咪還是沒有上去排泄，又找不到其他原因時，也可能代表生病了，慎重起見還是要及早就醫。

惱人行為 2

上完廁所後會四處狂奔

為什麼？

這種行為常見於排便後，但是有很多種解釋，目前還無法確定原因。貓咪在排便中會刺激副交感神經，但排便後則會刺激到交感神經，可能是因此才導致貓咪情緒高昂。

可以試著這樣做

雖然沒辦法讓貓咪停止這種行為，不過反正也不是生病，如果貓咪稍後會鎮定下來的話，就不必太在意。但是，要是貓咪在排泄後做出不同以往的動作，可能是因為便祕很難受、有膀胱炎、肛門腺疼痛等疾病因素。有疑慮可以直接洽詢獸醫院，會比較安心。

惱人行為 3

只在飼主清潔便盆後才上廁所

為什麼？

貓不只愛乾淨，也對氣味很敏感。清掃乾淨的便盆當然很好用，上起來也更舒服。尤其是公貓會為了沾上自己的氣味，而馬上跑到清乾淨的便盆裡排泄。

可以試著這樣做

貓可能是一直在等便盆清理乾淨。所以當貓咪上完廁所後，要儘快幫牠清除排泄物和弄髒的貓砂。如果便盆很髒，貓就會在便盆以外的地方排泄，或是忍著不願意排泄。

不喜歡從飲水器喝水，愛舔水槽和浴室的水滴

為什麼？

每隻貓咪都有自己想要喝水的地方或是對水的偏好。不過也可能是貓咪討厭裝水的容器。

可以試著這樣做

有些貓喜歡剛盛好的新鮮飲用水，有些貓喜歡喝洗臉台裡殘留的水，甚至還有貓可以靈巧地喝水龍頭流出的水。飼主首先要做到經常換水。如果更換容器，貓咪可能就會願意喝水了。如果這樣牠還是繼續舔水槽或浴室裡的水滴，那就要確實清除這些地方的洗潔劑和污垢，讓牠有個可以安全舔水的環境。

惱人行為 5

經常吐毛球

為什麼？

貓在理毛時，會把自己的毛吞下肚，其中一部分會隨著糞便一同排出，而在胃裡凝固結成的毛球就會吐出來。根據貓咪的體質和披毛的毛質，有些貓比較容易結毛球、會一直吐出來。

可以試著這樣做

如果貓咪吐出毛球後反應很平靜，那就不必擔心。至於經常吐毛球的貓，也可以給牠吃有化毛配方的飼料或是可促進排出毛球的藥物。若飼主有這些疑慮，可以向獸醫師諮詢。

惱人行為 7

推落擺在家具上的物品

為什麼？

貓咪或許是覺得物品掉落時會發出聲音，或是壞掉變形很有趣吧，也可能是很喜歡看飼主發現物品掉落時的反應。

可以試著這樣做

貓咪很難戒掉出於樂趣而做的行為。如果是不能摔到或是危險的物品，就只能儘量放在低處，或者別讓貓咪爬到你不想讓牠上去的地方，應對方法可參考p.186。

惱人行為 6

經常爬窗簾

為什麼？

貓咪本來就很喜歡高處，而且會想要做上下運動。因此在身體輕巧的奶貓時期，貓咪會經常爬到窗簾上玩，但是窗簾的布料材質可能會勾住爪子，導致貓咪卡住而無法動彈。

可以試著這樣做

貓咪很難戒掉這個習慣，所以飼主可以在窗簾以外的地方花點心思，讓貓咪能夠上下運動。例如在窗簾前方設置高大的貓跳台，或是將櫥櫃和書架等有高低差的家具排成階梯型，讓貓咪可以爬上去。無論如何，這種行為都會隨著貓咪成長而逐漸穩定下來，再也不會爬上窗簾了。

惱人行為 9

半夜會發出奇怪的叫聲，非常吵

為什麼？

這是沒有結紮的公貓到了發情期，或是上了年紀的貓會自然出現的行為。

可以試著這樣做

年輕的公貓在發情期過後或是做結紮手術後，亂叫的行為就會減少。而上了年紀的貓亂叫，屬於年齡增長的必然現象，所以飼主只能多陪伴牠。無論是哪一種，如果叫聲太吵，大可讓貓咪在其他房間睡覺。老貓可能會因為甲狀腺機能亢進症（p.165），一大清早就醒來大聲叫。總之，若飼主很在意貓咪的叫聲，可以向醫院諮詢看看。

惱人行為 8

撲上飼主的腿、看到有手靠近就會咬住或用力抓

為什麼？

這是因為貓咪把會動的物體當成獵物或是玩具，所以才會經常撲上飼主的腿或咬住手不放。

可以試著這樣做

貓咪在玩耍時，只要情緒亢奮起來，就會突然咬住或是抓人類的手。建議不要用手跟牠玩，而是改成使用玩具。不過，若是在觸摸貓咪身體時牠突然生起氣來，那很有可能是受傷或生病而感到疼痛，這時就要及早就醫。

惱人行為 10

在深夜揮拳打飼主，或是一大早就叫醒飼主

為什麼？

貓咪半夜打人和清晨亂叫，都是想要與飼主互動的表現。貓原本就是夜行性動物，在人類就寢的時間也不睡覺，會想要繼續玩。

可以試著這樣做

貓是因為想要互動才會吵醒飼主，所以只能起來陪牠；如果不想被貓咪吵醒，那就只能在貓咪進不去的房間裡睡覺。貓咪一大早亂叫，也可能是因為肚子餓了，只要給牠飼料就會鎮定下來。不過這樣可能會讓貓咪養成壞習慣，所以飼主要注意不能餵食過多。

惱人行為 11

窸窸窣窣地咬塑膠袋，或是咬布和衣服

為什麼？

可能是貓咪很喜歡塑膠袋和布料的質感和啃咬的口感吧。極少數的例子是出於壓力等心因性疾病，才會啃咬特定的材質。

可以試著這樣做

貓咪要是誤吞塑膠袋碎片會很危險，所以千萬別放在牠看得見的地方。如果貓咪只會咬布料、衣服等特定的物品，就收好別讓牠看見。若貓咪老是咬同一種材質，為了慎重起見，最好前往醫院諮詢。

惱人行為 12

在牆壁、家具、地毯上磨爪子

為什麼？

貓咪磨爪是出於本能，為了保養爪子，好用來給自己的地盤留下記號、安撫自己的情緒、紓發壓力等等，理由有很多。

可以試著這樣做

開始飼養貓咪後，最重要的是幫貓咪養成使用磨爪板的習慣（p.66）。磨爪板有瓦楞紙、木頭、地毯等各式各樣的材質，還分成直立式和平放式，可以準備好幾種、找出貓咪的喜好。建議在多個地方設置磨爪板，讓貓可以隨時任意磨爪。此外，也別忘記要勤加幫貓咪修剪爪子。在不想被貓咪抓傷的地方貼上防抓的保護貼，也比較安心。

惱人行為 13

跳到桌子、衣櫥等飼主不想讓牠上去的地方

為什麼？

貓咪喜歡爬上高處，高處＝安全是牠們的本能認知。每隻貓咪喜歡爬的地方都不盡相同，這也是每位養貓的飼主勢必會遭遇的問題。

可以試著這樣做

在不想讓貓咪爬上去的地方，放置無法立足踩踏的物品；也可以在那些地方貼上雙面膠（p.89）。就算因此責罵貓咪，牠也無法理解，因此也可以在牠每次爬上去時，用噴霧朝牠噴點水，讓牠對那個地方產生不好的印象，從此再也不願意上去。但要注意不能讓牠發現噴水的人是飼主，重點是要在稍遠的地方偷偷朝牠噴水。這樣牠就會把「爬上這裡會有水灑過來」的現象，當成是一種「天譴」了。

惱人行為 15

討厭梳毛和修剪爪子而大鬧

為什麼？

貓咪原本就不太喜歡身體的末端部位（嘴巴、手腳、尾巴）被摸，尤其是平常不習慣被人類撫摸的貓，一旦身體受到壓制或是觸摸，就會十分排斥而掙扎抵抗。

可以試著這樣做

可以在貓咪放鬆時摸摸牠，讓牠習慣身體被觸摸。如果這樣還是令牠抗拒，那就不要勉強牠。實在需要幫貓咪保養時，可以委託專門的業者處理。

惱人行為 14

弄出很大的噪音，或是客人來訪就怕得躲起來

為什麼？

貓一聽到噪音就會為了保護自己而提高戒心，但有些貓特別膽小，會表現出害怕的反應。貓咪會害怕家人以外的人，主要原因是在社會化時期（p.82）並沒有接觸到太多外人。

可以試著這樣做

開始養貓以後，在社會化時期讓貓咪充分習慣聲音和人類是非常重要的事。如果是在社會化以後依然很膽小的貓，和成貓以後才開始飼養的貓，可以在牠感到害怕時溫柔地安慰牠「沒事啦」，靜靜地守在牠身邊。

有訪客上門時，如果貓咪從躲藏的地方出來了，可以請客人在距離稍遠的地方，用玩具吸引牠過來玩，讓貓咪慢慢習慣（p.84）。

惱人行為 16

浪貓收編回家卻不親人

為什麼？

流浪貓在社會化時期並沒有接觸人類和其他貓咪，所以開始飼養後不願意親人、對人類有戒心是無可奈何的事。

可以試著這樣做

只要貓咪了解到家人和家裡的環境可以令牠安心的話，戒心應該就會慢慢下降了。首先，不要做會讓貓咪討厭的事，盡可能讓牠任意活動，要有耐心等牠習慣。但無論再怎麼習慣，流浪生活很久的貓咪也不可能完全放下戒心。或許不要期待貓咪會主動撒嬌比較好。

惱人行為 17

總是想偷溜出家門

為什麼？

如果是養在室內卻對戶外有興趣的貓，或是以前生活在戶外的流浪貓，只要一有機會就會設法跑出門。

可以試著這樣做

幫貓咪做結紮或避孕手術，牠的性情會變得比較鎮定，可能就不太想要出門了。不過，如果是收編流浪貓回家中飼養，牠應該會想不顧一切跑出去吧。如果不想讓貓咪跑出去，飼主就只能多費心注意了。重點是門窗一定要關好，全家人都要養成隨手關門窗的習慣。

惱人行為 18

會舔舐特定部位，導致披毛禿了一塊

為什麼？

這是貓咪因為某些壓力感到焦躁、覺得煩悶時經常會做出的行為。除此之外，也可能是皮膚病引發搔癢，才會一直舔舐。

可以試著這樣做

如果原因是壓力太大，可以給貓咪新的玩具或貓跳台，幫牠布置一個不會煩悶無聊、可以儘情玩耍的環境。如果貓咪舔舐的部位發紅、像得了皮膚病似的，或是找不到禿毛的原因時，就要洽詢獸醫院。

貓咪因為壓力大而一直舔舐腹部，導致禿毛的狀態。

惱人行為 20

只要有其他貓咪在附近就不願意進食

為什麼？

如果是飼養多隻貓咪，常常會有後來才飼養而顧慮原住貓的貓、立場較薄弱的貓、神經質的貓，不願意和其他貓咪一起進食。

可以試著這樣做

首先，要為每一隻貓各準備一個專用的食盆。即使如此，貓咪還是寧願餓著肚子也不要和其他貓咪一起進食，不停磨爪子、露出焦慮的反應，或是完全不肯吃飯的話，此時最好安排牠在另一個地方或房間進食。

惱人行為 19

新來的貓與元老貓合不來，老是打架

為什麼？

在剛開始飼養多隻貓咪的初期，或是個性不合的貓咪同住，都會常常打架。

可以試著這樣做

剛開始飼養多隻貓咪時，貓咪雖然會打架，但通常會在漸漸習慣彼此以後而不再打了。但也可能出現貓咪的個性就是合不來、始終無法磨合的情況。這時可以參考p.54，仿照貓咪彼此初次見面的狀況，讓牠們再一次按部就班試著習慣彼此吧。如果這樣還是行不通，就別再讓牠們住在一起，而是分成不同的房間飼養，才能讓貓咪過著沒有壓力的生活。

如果貓咪逃家了

戶外危機四伏！要及早採取對策

貓咪的好奇心很旺盛，對外面的世界興味盎然。不論飼主有多費心注意，貓咪還是可能會發現一丁點門窗的縫隙就逃了出去。外面有出車禍和傳染病的風險，而且有些貓咪雖然成功逃出門，卻又怕得躲在陰暗處不敢亂動，結果一直沒吃也沒喝。總之，最重要的還是儘快把貓咪找出來。

萬一貓咪逃走了

先在附近尋找

先呼喚貓咪的名字、在住家附近尋找吧。如果在外面試圖捉住貓咪，牠可能會失控亂跑。建議準備牠喜歡的零食、工作手套、洗衣袋和外出包再出門尋找，才萬無一失。

製作小海報和傳單

製作印有貓咪照片和聯絡資料的小海報和傳單，發給附近的居民。此外，請超市、自治團體的公布欄、獸醫院等各個設施幫忙張貼公告也很有效。

詢問各個設施運用社群媒體

可以詢問附近的派出所、警察局、自治團體的動物保護中心和保健所。另外在推特或臉書上面傳播資訊，在網路上協尋走失寵物的討論區裡貼文，也有助於尋獲貓咪。

可以植入晶片以防貓咪走失

為了預防貓咪不小心走失，以前都是在項圈上掛名牌或ID膠囊（放入寫著地址和名字的紙條）。近年來，則是將含有地址等資訊的晶片，用皮下注射的方式植入貓咪體內。萬一貓咪走失、得到安置時，就能用專用掃瞄器讀取晶片裡的資訊。在歐美國家，狗一般都會植入晶片，但這個技術目前在日本還在推廣中。若飼主有這個需求，可以洽詢獸醫院。

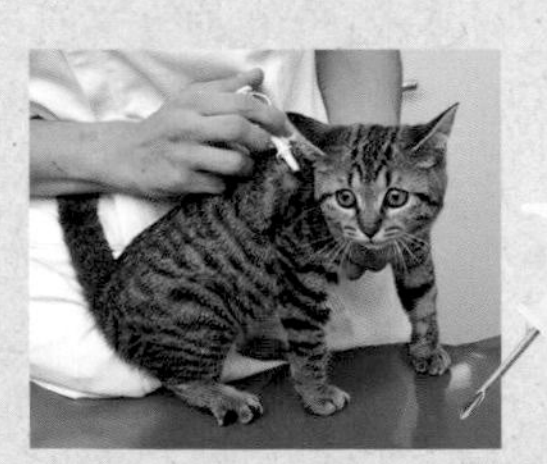

用一種類似針筒的器具，將晶片植入貓的背部。

災害突發，緊急避難的時刻

準備避難用的外出籠和外出用品

平常就要做好準備，因應突如其來的災害。將貓咪用品全部打包收在玄關等處，緊急時刻就不會驚慌失措了。為預防貓咪從避難所逃走，要幫牠戴上項圈和防走失名牌，若能植入晶片會更安心。手機隨時儲存貓咪的照片，尋找時也有助於他人了解特徵。

此外，最好事先詢問自治團體的防災處，確定是否能夠帶貓咪入住避難所。如果不能帶貓咪一同避難，就要考慮將貓咪寄放在由自治團體營運的動物之家。

和貓咪一起避難時必備的物品

外出攜帶的貓咪用品

☐ **飲用水**

準備1日份（每1kg體重40～60mℓ）×3日份

☐ **食物和攜帶用容器**

要準備未開封的食品。可以補充營養和水分的燉菜罐頭也很方便。

☐ **藥品**

別忘記帶常備藥。

☐ **廁所用品**

多帶些便盆用的尿墊。

☐ **項圈、防走失名牌等**

以防貓咪逃走。

☐ **其他便利用品**

例如毛巾、塑膠袋、洗衣袋、報紙等等。

背包型外出籠

前往避難所時，建議用可以空出雙手的背包型外出籠。

折疊型軟殼手提包

輕巧且空間夠大，方便在避難處使用。可以折疊縮小後收納。

Staff

採訪・撰文　村田弥生
裝幀・本文設計　澁谷明美（CimaCoppi）
攝影　橋本 哲　目黒 -MEGURO.8-
近藤 誠　鈴木江実子
中津昌彦
福田豊文（U.F.P写真事務所）
插圖　瀬川尚志
攝影協助　八丹陽子　米田恭子・竜治
責任編輯　松本可絵（主婦の友社）

監修

ANIHOS寵物診所

ANIHOS寵物診所主要的診察對象為貓狗，秉持「與生命認真對話、以心交流」的宗旨，提供飼主清晰且細心的指導，廣受歡迎。長期培育醫護人才，導入最新的診斷和看護技術，建構飼主和動物都方便運用的醫療體系，各方面都勇於嘗試新事物。本書是在ANIHOS寵物診所的院長弓削田直子醫師、山村素未等多名醫護人員受訪、攝影協助下撰寫而成。

ネコの気持ちと飼い方がわかる本

貓咪的心情&飼育學習指南

出　　版／楓葉社文化事業有限公司
地　　址／新北市板橋區信義路163巷3號10樓
郵政劃撥／19907596 楓書坊文化出版社
網　　址／www.maplebook.com.tw
電　　話／02-2957-6096
傳　　真／02-2957-6435
監　　修／ANIHOS寵物診所
翻　　譯／陳聖怡
編　　輯／江婉瑄
內文排版／謝政龍
校　　對／邱鈺萱
港澳經銷／泛華發行代理有限公司
定　　價／350元
初版日期／2022年10月

國家圖書館出版品預行編目資料

貓咪的心情&飼育學習指南 / ANIHOS寵物診所監修；陳聖怡譯. -- 初版. -- 新北市：楓葉社文化事業有限公司, 2022.10　面；　公分

ISBN 978-986-370-459-1（平裝）

1. 貓　2. 寵物飼養

437.364　　111012299